JN303385

化学新シリーズ

編集委員会：右田俊彦・一國雅巳・井上祥平
岩澤康裕・大橋裕二・杉森　彰・渡辺　啓

機器分析入門

群馬大学名誉教授
理学博士
赤 岩 英 夫 編

千葉大学名誉教授　　　埼玉大学教授
理学博士　　　　　　　理学博士
赤 岩 英 夫　　小 熊 幸 一　　渋 川 雅 美

神奈川大学名誉教授　　東京薬科大学名誉教授
理学博士　　　　　　　理学博士
杉 谷 嘉 則　　藤 原 祺 多 夫　　執筆

東京 裳華房 発行

Introduction to Instrumental Analysis

by

Hideo Akaiwa, Dr. Sci.
Koichi Oguma, Dr. Sci.
Masami Shibukawa, Dr. Sci.
Yoshinori Sugitani, Dr. Sci.
Kitao Fujiwara, Dr. Sci.

SHOKABO

TOKYO

「化学新シリーズ」刊行趣旨

　科学および科学技術の急速な進歩に伴い，あらゆる分野での活動に，物質に対する認識の重要性がますます高まってきています．特にこれまで，化学との関わりあいが比較的希薄とされてきた電気・電子工学といった分野においても，その重要性は高まりをみせ，また日常生活においても，さまざまな新素材の登場が，生涯教育としての化学の必要性を無視できないものにしています．

　一方，教育界では高校におけるカリキュラムの改訂と，大学における「教養課程」の見直しが行われつつあり，学生と学習内容の多様化が進んでいます．

　これらの情勢を踏まえ，本シリーズは，非化学系をも含む理科系（理・工・農・薬）の大学・高専の学生を対象とした2単位相当の基礎的な教科書・参考書，ならびに化学系の学生，あるいは科学技術の分野で活躍されている若い技術者を対象とした専門基礎教育・応用のための教科書・参考書として編纂されたものです．

　広大な化学の分野において重要と考えられる主題を選び，読者の立場に立ってできるだけ平易に，懇切に，しかも厳密さを失わないように解説しました．特に次の点に配慮したことが本シリーズの特徴です．

1) 記述内容はできるだけ精選し，網羅的ではなく，本質的で重要なものに限定し，それを十分理解させるように努めた．
2) 基礎的概念を十分理解させるために，概念の応用，知識の整理に役立つように演習問題を章末に設け，巻末にその略解をつけた．
3) 読者が学習しようとする分野によって自由に選択できるように，各巻ごとに独立して理解し得るように編纂した．
4) 多様な読者の要求に応えられるよう，同じ主題を取り上げても扱い方・程度の異なるものを複数提供できるようにした．また将来への発展の基

礎として最前線の話題をも積極的に扱い，基礎から応用まで，必要と興味に応じて選択できるようにした．

1995 年 11 月

編 集 委 員 会

は じ め に

　前世紀の後半は，分析化学にとって「分析方法の機器化」に象徴される時代であった．今からちょうど半世紀前の1955年，編者が受けた大学院入試での分析化学の問題が「Instrumental Analysis について記せ」であったことを憶えている．機器分析という言葉自体がまだ目新しい時代であった．この時代の機器分析といっても，あくまでも化学分析の過程の中の，測定段階のみを機器で行うというものが主流で，当時 微量分析のチャンピオンであった吸光光度分析法は，機器分析のはしりといわれながら，その主役はあくまでも溶液内化学反応であった．1970年代になって事情が大きく変化する．原子吸光分析法が普及して，重金属公害の問題解決に大いに貢献して以来，前世紀最後の四半世紀で機器分析の発展が急加速されるのである．それとともに，分析化学の中で化学反応の占める場所がだんだん少なくなってきて，"分析科学"なる新語が登場してくる．科学技術の発展に伴って，分析対象の限りない微量化が求められ，分析法に対しては，さらに高い時間・空間分解能への要求が高まると，単一の機器では間に合わず，機器の複合化が模索され，コンピュータの導入による自動化が進んできた．そして世紀末には1原子，1分子の検出までもが可能になって今世紀を迎えたのである．

　一方，機器分析の発展は同時に，その多様化，複雑化をももたらし，分析に従事するものが機器分析すべてに精通することは，とうてい無理になってくる．いきおい分析者が当該機器の原理，用途についての理解も不十分なままで，ブラックボックス化した機器から出てくるデータに対する適切な考察もできずに，数字だけが一人歩きをした結果，社会問題を引き起こすことにもなりかねない．機器の原理を理解して，その機器からどのような情報が得られるかを知り，情報を解析できる能力を持ってこそ，分析目的が達せられることはい

うまでもない．

　本書では，エネルギーと物質の相互作用からどのような情報が得られるか，という観点から機器分析法を分類し，高い空間分解能へのニーズに応えるものとして表面分析に1章を割いた．そして入門書の性格を重視して，各分野を代表する執筆者の方々にできるだけ簡明かつ平易な解説をお願いした．したがって，より詳しい情報を求められる読者は巻末の「さらに勉強したい人たちのために」を参照されたい．

　本文中の単位は原則としてSI単位系によったが，分析化学の各分野での慣用を考慮して旧来の単位を残した部分もあり（たとえば $dm^3 \rightarrow L$，$mol\ dm^{-3} \rightarrow M$ など），不統一が見られる点はお許し願いたい．

　終わりに，ご多忙中にもかかわらず，原稿を査読のうえ，貴重なご助言を下さった一國雅巳，岩澤康裕 両博士に深謝する．また，裳華房編集部の小島敏照，前田優子 両氏のご援助なしには本書の完成はおぼつかなかったであろう．記して謝意を表したい．

　　2005年10月

　　　　　　　　　　　　　　　　　　　　　　　　　　　赤 岩 英 夫

目　次

第 1 章　緒　　論

1.1　分析化学の発展と分析手法の
　　　機器化 ················· 1
1.2　機器分析の分類 ············ 2
1.3　機器分析の利点と欠点 ········ 2
1.4　機器分析法を利用するに当たって
　　　 ····················· 4

第 2 章　電 磁 波 分 析

2.1　紫外可視吸収分析 ··········· 6
　2.1.1　ランベルト-ベールの法則 ··· 7
　2.1.2　装置 ················· 9
　2.1.3　測定 ················ 12
　2.1.4　有機化合物における吸収
　　　　　スペクトルと用語 ······ 16
　2.1.5　吸収スペクトル ········ 18
2.2　蛍光分析 ················ 19
　2.2.1　原理 ················ 19
　2.2.2　測定 ················ 21
2.3　化学発光 ················ 23
2.4　原子スペクトル分析 ········ 23
　2.4.1　原子吸光分析 ·········· 24
　2.4.2　フレーム分析 ·········· 29
　2.4.3　ICP-原子発光分析 ······· 30
　2.4.4　ICP-質量分析 ·········· 31
2.5　赤外・ラマンスペクトル ····· 34
　2.5.1　赤外吸収分析 ·········· 35
　2.5.2　ラマン分析 ··········· 40
2.6　核磁気共鳴吸収と電子スピン
　　　共鳴吸収 ··············· 42
　2.6.1　核磁気共鳴 ··········· 43
　2.6.2　電子スピン共鳴 ········ 52
2.7　X 線分析 ················ 57
　2.7.1　原理 ················ 58
　2.7.2　X 線粉末回折法 ········ 61
　2.7.3　蛍光 X 線分析法 ········ 65
　2.7.4　結晶格子とミラー指数 ··· 67
2.8　放射能利用分析法 ·········· 70
　2.8.1　放射能 ·············· 71
　2.8.2　中性子放射化分析 ······ 72
2.9　新しい光源，レーザーとシン
　　　クロトロン放射光 ········ 75
　2.9.1　レーザー ············ 75
　2.9.2　シンクロトロン放射光 ··· 77

第3章 電気分析

3.1 ポテンショメトリー ………81
3.2 クーロメトリー ………88
   3.2.1 定電位クーロメトリー ……90
   3.2.2 定電流クーロメトリー ……92
3.3 ボルタンメトリー ………94
   3.3.1 ポーラログラフィー ………94
   3.3.2 サイクリックボルタンメトリー ………96

第4章 熱分析

4.1 熱重量分析 ………101
   4.1.1 装置 ………101
   4.1.2 測定値に影響を与える要因 ………103
4.2 示差熱分析と示差走査熱量測定法 ………105
   4.2.1 DTA ………105
   4.2.2 DSC ………107
   4.2.3 基準物質と標準物質 ………107
   4.2.4 測定値に影響を与える要因 ………108
   4.2.5 応用例 ………108

第5章 質量分析

5.1 磁場型質量分析計 ………110
   5.1.1 試料のイオン化法 ………111
   5.1.2 質量分離 ………112
   5.1.3 イオンの検出 ………113
5.2 二重収束型質量分析計 ………114
5.3 飛行時間型質量分析計 ………115
5.4 有機分子の質量スペクトル ………115
5.5 有機分子の測定 ………117

第6章 クロマトグラフィーと電気泳動

6.1 クロマトグラフィーの基礎 ……118
   6.1.1 はじめに ………118
   6.1.2 クロマトグラフィーの分類 ………118
   6.1.3 クロマトグラフィーの基礎理論 ………119
6.2 ガスクロマトグラフィー ………129
   6.2.1 装置 ………129
   6.2.2 ガスクロマトグラフィーの応用 ………134
6.3 高速液体クロマトグラフィー ………134
   6.3.1 装置 ………135
   6.3.2 高速液体クロマトグラフィーの応用 ………141
6.4 イオンクロマトグラフィー ………141
   6.4.1 装置 ………141

6.4.2 イオンクロマトグラフィーの応用……………143
6.5 サイズ排除クロマトグラフィー……………………143
　6.5.1 ゲルの構造と特性………143
　6.5.2 分離過程………………144
　6.5.3 サイズ排除クロマトグラフィーの応用……………145
6.6 超臨界流体クロマトグラフィー……………………145
　6.6.1 超臨界流体の特性………145
　6.6.2 装置………………………145
　6.6.3 超臨界流体クロマトグラフィーの応用……………146
6.7 平面クロマトグラフィー………146
　6.7.1 薄層クロマトグラフィー…146
　6.7.2 ペーパークロマトグラフィー…………………148
6.8 電気泳動法………………………148
　6.8.1 ゾーン電気泳動法………149
　6.8.2 高速キャピラリー電気泳動法……………………151

第7章　表面分析

7.1 電子プローブマイクロアナリシス……………………156
　7.1.1 装置………………………157
　7.1.2 定量分析…………………158
7.2 X線光電子分光法 ……………160
　7.2.1 装置………………………162
　7.2.2 X線光電子分光法の応用…163
7.3 オージェ電子分光法……………165
　7.3.1 装置………………………166
　7.3.2 オージェ電子スペクトルと分析への応用……………167
7.4 二次イオン質量分析法…………168
7.5 走査トンネル顕微鏡……………171

第8章　機器分析法の過去と未来……175

さらに勉強したい人たちのために ……………………………180
索　　引 ………………………………………………………183

第1章　緒　　論

1.1 分析化学の発展と分析手法の機器化

　中世の錬金術や，第一次世界大戦前のアンモニア合成の例を出すまでもなく，化学には人間の欲望，社会的要求と絡み合って発展してきた一面もある．19世紀半ばのLavoisierによる化学天秤の発明により，一挙に精密科学となった後の分析化学の発展―いわゆる湿式分析の完成も，貴金属あるいは有用金属の探鉱目的と切り離しては考えられない．19世紀末から20世紀初めにかけて，常量の分析対象を取り扱う湿式分析法(古典的分析法)はほぼ完成を見，その後は分析対象微量化のニーズに応えて分析化学は新たな道を歩んでいくことになる．

　近代分析化学のキーワードとして，微量化とともに重要なのが分析手法の機器化(instrumentation)であろう．測定手段の機器化の先鞭はLavoisierの化学天秤には違いないが，現在，天秤はすでに古典分析法の範疇に入っている．20世紀前半における微量分析法の花形は比色分析であったが，色の濃さを肉眼で比べる(デュボスク比色計も原理的には目視)代わりに，特定波長の光を試料溶液が吸収する度合を測定する機器―吸光光度計―の導入によって，比色分析の感度は著しく向上し，体調などに左右される目視と比べて，データの客観性も飛躍的に向上したのである．もちろん，吸光光度測定に適した試料溶液に持って行く過程の化学反応の研究の進歩も，感度向上に拍車をかけたことは言うまでもない．このようにして，Noddackによる"元素普存則(すべての鉱物中にはすべての元素が含まれている)"(1934)が発表当時は仮説であったものが，法則であることが証明されたのである．

　機器分析の発端を1800年のHarschelによる赤外幅射の発見にさかのぼるのか，あるいはフレーム分析法の元祖Bunsen, KirchhoffによるCs, Rbの

発見(1860)とするのかは異論もあろうが，いずれにしても機器分析の急速な発展は20世紀後半のことである．

古典的化学分析(化学天秤のみを用いた重量分析，容量分析，初期の比色分析など)は主として元素分析であり，分析対象試料を分解するなどして分析目的を達する(破壊分析)ものであったのに比べて，機器分析の発展は分析法の時間的・空間的分解能を高め，元素分析から状態分析(スペシエーション)へ，全分析から局所分析へ，さらに破壊分析から非破壊分析への道を進んでいる．

1.2 機器分析の分類

分析法のほとんどが，エネルギーと物質の相互作用を利用し，その物質に関する情報を引き出すものと考えて差し支えない．古典的化学分析法の中心になる化学反応も化学エネルギーの出入を伴う．ここでは古典的化学分析法以外の分析法(化学天秤より複雑な機器を利用する方法)すべてを機器分析と定義する．この定義にもいろいろと矛盾はある．たとえば分離法のうち蒸発，沈殿，溶媒抽出は古典的化学分析法でクロマトグラフィーのみが機器分析法ということになるが，便宜的あるいは慣例としてお許し願いたい．

機器分析を，目的物質と作用するエネルギーの種類によって分類すると，
1. 電磁波(光)あるいは粒子による分析
2. 電気分析
3. 熱分析
4. 質量分析
5. クロマトグラフィー

ということになる．本書では電気泳動をクロマトグラフィーの項に入れ，表面分析を別項として解説する．

1.3 機器分析の利点と欠点

分析法を評価する場合，次の4つの条件を考慮するのが一般である．
(1) 感 度 (sensitivity：正確には分析成分の単位濃度の変化に対する

応答信号の変化量の比，つまり検量線の傾きであるが，一般に感度の目安として，検出限界—その分析法で検出できる最小値—を利用している）

（2） 選択性　（selectivity：機器分析では目的成分の信号を共存成分の信号と分離して取り出す場合，共存成分の影響が小さいほど選択性がよいという）

（3） 精　度　（precision：測定値のバラツキの程度．繰り返し精度 repeatability と再現性 reproducibility がある）

（4） 正確さ　（accuracy：測定値が真の値からどの程度片寄っているかの程度）

どんな分析法にも一長一短があり，上記4条件すべてに適合するようなものはない．機器分析を大ざっぱにまとめて，条件に合うかどうかを考えるのはそもそも無理な話ではあるが，古典的化学分析法と対比させてみよう．

（1） 感度——最初に述べたように高感度は機器分析の一般的特徴といっても過言ではない．その中でも特に中性子放射化分析法，ICP-質量分析法などが超高感度分析法の代表である．

（2） 選択性——化学分析では化学的性質の似たもの同士，つまり最外殻電子配置が同じものに対する選択性は一般に悪い．少しでも選択性を向上させるべくあらゆる化学反応を駆使するのが化学分析の正統的なアプローチである．これに対して，機器分析法の中には元素の化学的性質など問題にしない場合もある．たとえば原子核の性質の差を利用して定性・定量を行う放射化分析法を用いれば，希土類元素中の他の希土類元素の不純物を定量することも容易である．X線を用いる分析法なども同様にしてその選択性のよさが理解できよう．こう考えてみると，選択性に関しては機器分析に軍配が上がる．

（3） 精度——この条件だけは古典的化学分析法の天下である．たとえば容量分析では，初心者でも4桁の数字を精度よく出すことが可能である．これに比べて機器分析では一般に精度が悪い．相対誤差 0.5〜数 % 程度で，

有効桁数の少ないのが欠点である．前に述べた高感度・高選択性の中性子放射化分析法では有効数字2桁が精一杯である．もちろん機器分析の精度はたゆまぬ工夫の結果，徐々に上がりつつある．

（4） 正確さ──この条件に関しても，一般的にいって機器分析法が優れているとは言い難い．古典的重量分析法のような絶対測定法が少ないからである．機器分析法の多くは，標準物質を必要とする相対測定法である．標準物質の調製を間違えると，後はどんなに丁寧に操作しようとも，真の値からは程遠い結果しか得られなくなる．もちろん放射化分析法などでも絶対測定は可能ではあるが，精度はさらに悪くなる．しかし，極微量分析のための標準物質 SRM(Standard Reference Material)の保証値を決定する際には，古典的化学分析法が感度の面でおぼつかないので，機器分析法のうちで，同位体希釈質量分析法などの絶対測定可能な方法で正確さをチェックしておく必要がある．

以上の4条件の他，機器分析は操作が迅速・容易で，データの客観性が高いこと，また，分析の自動化や連続化が可能であるなどの利点を持っている．言うまでもないことであるが，機器分析の最大の欠点は機器が高価なことである．

1.4 機器分析法を利用するに当たって

ある分析法を利用するに当たって最も大切なことは，分析目的を正確に理解しておくことであり，これは機器分析に限ったことではない．分析目的によって自ら適切な分析法が選択できるのである．常量の分析成分を定量するために，希釈を行ってまで機器分析を適用するような愚は避けるべきである．これは高感度という機器分析の特徴を殺し，欠点である低精度を助長することになる．機器分析法の場合は，特にエネルギーと物質の相互作用からどのような情報が得られるのかという原理に対する充分な理解が，適切な方法の選択を助ける．

分析はどんな場合でも試料の採取に始まり，前処理(測定に適した形に変え

る作業),測定へと進んで測定結果の解釈で終わる.機器分析と言えども,適切な試料の前処理が必要な場合が多い.こうしたとき,化学分析に対する基本的知識が大切になる.結果の解釈においても同様である.

機器分析の特徴として,ほとんどの場合が相対測定であることは述べた.そのため,標準物質(目的試料とできるだけ類似した試料で,成分分析値についての保証値があらかじめ分かっているもの)を用いて分析法の正確さをチェックしておくことが必須になる.

標準物質の必要性は最近ますます増大しており,米国のNIST(National Institute of Standards and Technology),わが国の環境研究所,地質調査所などから多くの種類の標準物質が頒布されている.

第2章　電磁波分析

　電磁波分析法は，測定対象となる化学種と電磁波との相互作用を利用して，定量・定性を行う分析法である．電磁波は，波長 10^{-10}〜10^{-17} m（エネルギーにして 10^4〜10^{11} eV）の γ 線から，1 m 以上（エネルギーにして 10^{-6} eV 以下）のラジオ波まで，測定対象に対応して極めて幅広い波長領域（エネルギー）のものが利用されている．電磁波分析の分類を表2.1に示す．表2.1にあるように，電磁波のエネルギーによって相互作用をする対象は異なってくる．γ 線のような高エネルギーの電磁波には原子核が，また波長が 1 m 以上のラジオ波には原子核の磁場が相互作用をする．相互作用を利用した分析法とは，一般的には，2つのエネルギー状態間の遷移に伴う電磁波の吸収または放出現象を検出するものである．また電磁波の散乱，反射，回折を利用する分析法もある．

2.1　紫外可視吸収分析

　近紫外域（180 nm または 200 nm）から赤外・可視の境界（800 nm 付近）までの波長領域の光の吸収を対象にするもので，機器分析法としては極めてよく利用されるものである．この領域の電磁波（光）は，分子の結合に関与する電子に対応するものであり，常温で基底状態にある電子が励起状態に遷移するとき吸収が生じる．電子のエネルギー準位は図2.1に示すように分子の振動や回転を伴っており，紫外可視領域では通常振動・回転準位が分離することは少ない．したがって吸収スペクトルの線幅は両準位の変化を含むため，10 nm 以上となる．なお目的化学種の紫外可視吸収を利用した定量法が吸光光度法であり，吸収スペクトルの最大吸収波長における吸光度を測定して，検量線を作成し，定量を行う．

表 2.1 電磁波と物質との相互作用による分析諸法の関連性(田中誠之・飯田芳男:『機器分析(三訂版)』(裳華房,1996)から改変)

電磁波	波長 m	エネルギー eV	相互作用する対象	吸収現象を利用する分析法	発光現象を利用する分析法	その他の相互作用による分析法
γ線	$10^{-10} \sim 10^{-17}$	$10^4 \sim 10^{11}$	原子核	γ線吸収分析 (γ線スペクトロメトリー) メスバウアー分光法	放射化分析	電子線分析
X線	$10^{-8} \sim 10^{-11}$	$10^2 \sim 10^5$	内殻電子	X線吸収分析	蛍光X線分析 発光X線分光分析	X線回折分析 X線電子分光法
極紫外 紫外 可視	$10^{-6} \sim 10^{-8}$	$1 \sim 10^2$	外殻電子	原子吸光分析	原子蛍光分析 フレーム分析 発光分光分析	比濁分析
			分子軌道電子	紫外吸収分析 吸光光度分析 円偏光二色性法	蛍光分析 ラマン分析	施光分散法
赤外	$10^{-3} \sim 10^{-6}$	$10^{-3} \sim 1$	分子	赤外吸収分析	—	—
マイクロ波	$1 \sim 10^{-3}$	$10^{-6} \sim 10^{-3}$	磁場中の不対電子	常磁性共鳴吸収分析	—	—
ラジオ波	1以上	10^{-6} 以下	磁場中の原子核	核磁気共鳴吸収分析	—	—

2.1.1 ランベルト-ベールの法則

吸光光度法においては,通常,溶液となっている試料を測定する.試料溶液はセルと呼ばれる容器に入れるが,このとき光の減少量は溶液内の分析種の濃度 c に対応する.すなわち光源の光強度を I とすると,溶液内を dl だけ進んだときの光の減衰量 dI は,

$$-dI = k \cdot c \cdot dl \cdot I \tag{2.1}$$

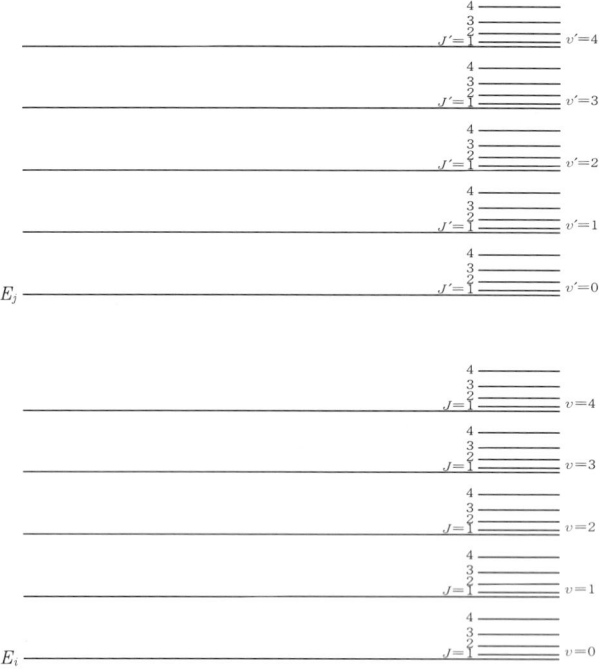

図 2.1 分子のエネルギー準位図
E：電子の軌道エネルギーに対応する準位　v：分子の振動に対応する準位　v'：励起状態の振動に対応する準位　J：分子の回転に対応する準位

ここで k は比例定数である．したがって，

$$-\frac{dI}{I} = k \cdot c \cdot dl \tag{2.2}$$

これを積分して，常用対数で表すと，

$$A(\text{吸光度}) = -\log \frac{I_t}{I_0} = \varepsilon\, cl \tag{2.3}$$

この式をランベルト-ベール(Lambert-Beer)の法則と呼ぶ．

ここで I_0, I_t は，それぞれ試料を溶かすのに用いた溶媒を満たしたセルおよび試料溶液が入ったセルを透過した光強度である．l は光路長(セルの長さ)，ε は分析種の濃度をモル濃度で表した場合の吸光係数で，モル吸光係数とい

い，吸収の強さの目安となるものである．すなわち ε は 1 cm の光路長のセルを用い 1 M の濃度の試料溶液が与える吸光度である．I_t/I_0 は透過率 (T) と呼ばれ，実際に測定されるのは透過率である．しかし分析種の濃度に対応しているのは吸光度なので，吸光度として読み取ることが多い．

なお理論的な読み取り誤差 ΔT に対する相対的な濃度誤差 $\Delta c/c$ は，以下のように与えられる．

$$\frac{\Delta c/c}{\Delta T} = \frac{1}{T \cdot \ln T} \quad (2.4)$$

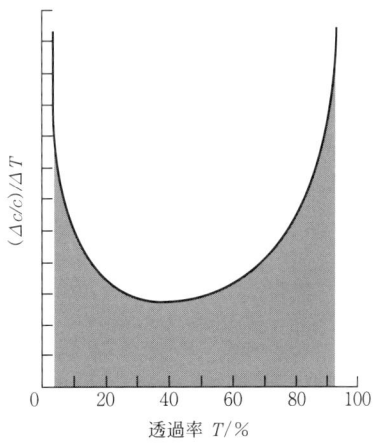

図 2.2 吸光光度法の理論的精度と透過率

$1/(T \cdot \ln T)$ を吸光光度法の誤差関数といい，この分布は図 2.2 のようになる．すなわち $(\Delta c/c)/\Delta T$ は，透過率 $T = 36.8\%$ で最小となり，0 または 100 % で ∞ となる．したがって測定精度上 $T = 36.8\% (A = 0.434)$ 付近で測定するのが望ましいことになる．ただし実際の装置では，低吸光度の部分で高精度となるように設計されており，$T = 10\%$ 前後で最高精度となっているものが多い．しかし吸光度 A が 2 以上 ($T = 1\%$ 以下)，あるいは $A = 0.0043$ 以下 ($T = 99\%$ 以上) での測定は，望ましくない．$T = 99\%$ (1 % 吸収) を与える物質量で装置の測定感度を表す場合もある．したがって吸光光度法の検量範囲は 2 桁半程度であり，簡便ではあるが，測定濃度範囲が狭いのが吸光光度法の欠点である．

2.1.2 装置

装置の概念図を図 2.3 に示す．通常装置は，光源部，分光器，試料室，光検出部，レコーダー，およびこれらを制御するコンピュータ部からなっている．光源には可視域にはタングステンランプ (ハロゲンランプ)，紫外域には重水素ランプが用いられることが多い．ハロゲンランプとは，I_2 などのハロゲン元素

第2章 電磁波分析

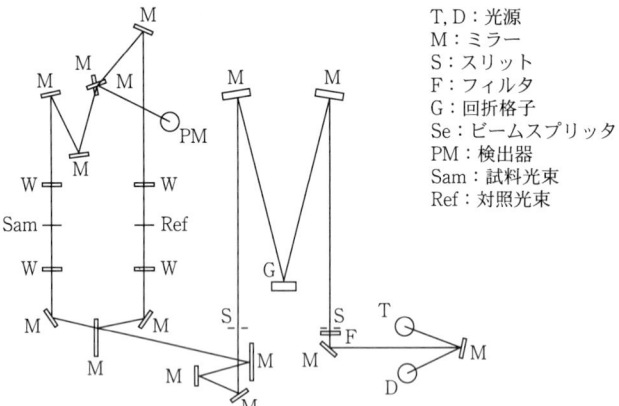

T, D：光源
M：ミラー
S：スリット
F：フィルタ
G：回折格子
Se：ビームスプリッタ
PM：検出器
Sam：試料光束
Ref：対照光束

図2.3　分光光度計の光学系

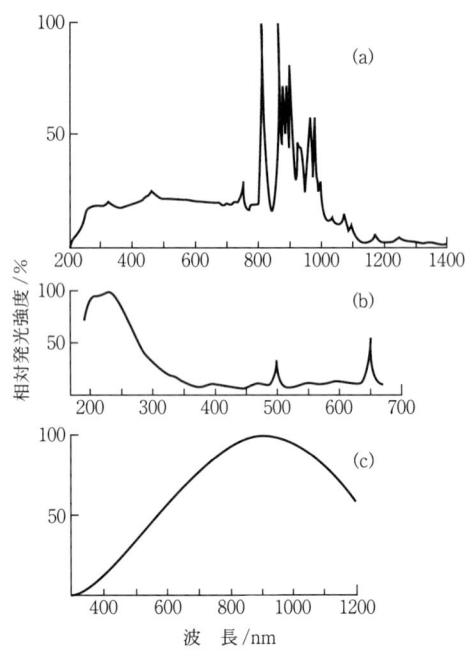

図2.4　ランプの発光強度の波長分布
(a)キセノンショートアークランプ　(b)重水素ランプ　(c)タングステンランプ

が封入されており，発光フィラメントのタングステンが蒸発してランプ壁に付着すると，タングステンのハロゲン化物となって再びフィラメントへ戻るようになっている．このため，より高輝度になるよう電流を流すことができ，また長寿命となる．ランプの光強度分布を図2.4に示す．通常短波長から長波長側へ，または長波長から短波長側へ波長を変化させながら光の吸収を測定する場合，340～350 nm でランプが切り替えられる．こうした連続光源(発光スペクトルの波長が連続しているもの)から特定の波長を取り出すのが分光器である．

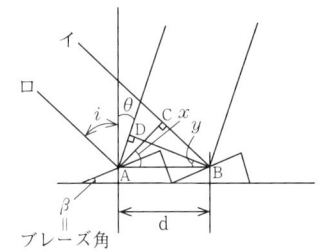

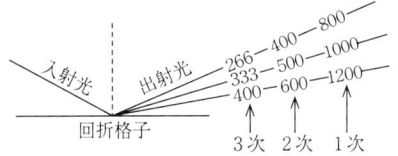

図2.5 回折格子
1次，2次，3次は式(2.5)の次数 n である．

分光器では入射スリットを通して光が取り入れられると，凹面鏡により平行光線が回折格子へ入射される(光の分散にはプリズムが使用されることもあるが，特殊な場合を除いてほとんどの装置には回折格子が使用されている)．回折格子は，アルミニウムなどの平面に1 mm 当たり1000本前後の溝が刻まれているもので，その概念図を図2.5に示す．ここで入射角 i と回折角 θ の間には，

$$n\lambda = d(\sin i + \sin \theta) \tag{2.5}$$

の関係があり，この条件を満たす波長の光が，反射されるようになっている．ここで n は次数と呼ばれる整数である．

式(2.5)にも見られるように，回折角 θ の方向へは，波長の整数倍の光が出射する．ただし $n = 0$ の場合は白色光である．式(2.5)において n が2より大きいものを高次光というが，波長が長くなると，波長の短い高次光も重なって出射されるので，フィルタなどで，高次光をさえぎる必要がある．なお回折格子の溝の角度 β をブレーズ角といい，特定の波長で回折光強度が最大となる

ような角度がつけられている．入射スリットの幅は逆線分散(スリット幅1 mm当たりの分解能)によって，一つの波長当たりどれだけの波長幅を持つかが決まる．この幅をスペクトルバンド幅と呼んでいる．

分光器から出た光は2本に分けられ，一方は溶媒で満たされたセル(参照)，一方は試料で満たされたセル(試料)を通過して光検出器に入る．光検出にはホトセル(光電池)または光電子増倍管が用いられている．光電子増倍管では，1個の光子が10^6倍程度の電子に増幅され，これを電流から電圧に変換して読み取られる．この増幅器部分では，試料の信号を参照の信号で割って透過率もしくは吸光度が表示されるようになっている．

2.1.3 測定

試料を入れるセルの透過特性を図2.6に示す．パイレックスガラス®製のものは，波長が320〜350 nmより短くなると光が透過しなくなるので，紫外域での吸収を測定する場合は，石英もしくは合成石英製のセルに試料を入れなければならない．図にはパイコールガラスの透過性も入れた．可視部のみの測定の場合，安価なプラスチックセルも市販されている．また，感度の点から光路長5 cmのものや，少量の容積を満たすセル，フローセルなど，目的に応じて特別にデザインされたセルが多種存在する．市販の吸光光度計では，測定範囲に波長を入力すると，あらかじめ分光光度計の各波長における光強度を補正した上で測定を始めることができる装置もある．なお，試料を溶かす溶媒自体が

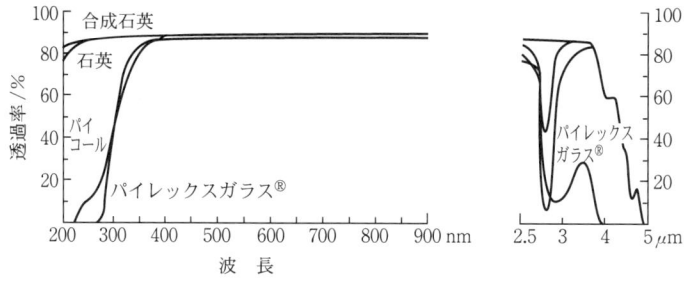

図2.6 試料セル材質の光透過性

表 2.2　紫外領域の溶媒の短波長側透過性限界

溶媒	波長限界* (nm)	溶媒	波長限界* (nm)
エタノール（95%）	205	ブチルエーテル	235
アセトニトリル	210	クロロホルム	245
シクロヘキサン	210	プロピオン酸エチル	255
シクロペンタン	210	ギ酸メチル	260
ヘプタン	210	四塩化炭素	265
ヘキサン	210	N,N'-ジメチルホルムアミド	270
メタノール	210	ベンゼン	280
ペンタン	210	トルエン	285
イソプロピルアルコール	210	m-キシレン	290
イソオクタン	215	ピリジン	305
ジオキサン	220	アセトン	330
ジエチルエーテル	220	ブロモホルム	360
グリセロール	220	二硫化炭素	380
1,2-ジクロロエタン	230	ニトロメタン	380
ジクロロメタン	233		

*　水を対照として1cmセルで測定したとき吸光度が1.0である波長.

紫外域で吸収を持つ場合があり，測定範囲が限定される（表2.2に波長限界を示す）．なお，可視領域の光源光の色と溶液の色を表2.3に示す．

測定手順として，金属イオンや吸収の小さい化合物などでは，色素との反応，吸光係数の高い化合物への変換などの，いわゆる発色操作を行う必要がある．またこれに先立って，測定種のみを分離・抽出する場合もある．

無機化合物，特に金属錯体の d-d 遷移（金属イオンの d 軌道電子の遷移）では，モル吸光係数は数百程度であり，定量には感度が低すぎる場合が多い．そこで配位子自身が高い吸光係数を持つ

表 2.3　可視域における波長と色の関係

波長 (nm)	光源の色	補色*
400 – 435	紫	黄緑
435 – 480	青	黄
480 – 490	緑青	橙
490 – 500	青緑	赤
500 – 560	緑	赤紫
560 – 570	黄緑	紫
570 – 580	黄	青
580 – 610	橙	緑青
610 – 730	赤	青緑

*　波長の吸収を示す溶液の色.

表 2.4 高感度発色試薬(小田嶋次勝・木幡勝則・石井 一:ぶんせき,899(1991)から改変)

構造	金属イオン	錯体の ε 値 ($dm^3\,mol^{-1}\,cm^{-1}$) (吸収極大波長) など
A. アゾ化合物		
(a)	Fe^{2+}	$\varepsilon = 1.09 \times 10^5$ (624 nm)
(b)	Fe^{2+}	$\varepsilon = 1.10 \times 10^5$ (615 nm)
(c)	Cd^{2+}	$\varepsilon = 1.52 \times 10^5$ (520 nm)
(d)	Ni^{2+}	$\varepsilon = 1.42 \times 10^5$ (639 nm)
B. ヒドラゾン化合物		
(e)	Ni^{2+}	$\varepsilon = 3.67 \times 10^4$ (498 nm)
(f)	Zn^{2+} Ni^{2+}	$\varepsilon_{Zn} = 4.33 \times 10^4$ (516 nm) $\varepsilon_{Ni} = 4.71 \times 10^4$ (524 nm)
(g)	UO_2^{2+}	$\varepsilon = 1.5 \times 10^4$ (400 nm) $\varepsilon = 3.5 \times 10^4$ (350 nm)

構　造	金属イオン	錯体の ε 値 （dm^3 mol^{-1} cm^{-1}）（吸収極大波長）など
(h) クラウンエーテル+ニトロフェノール誘導体（HO, NO$_2$, C$_{12}$H$_{25}$）	Li$^+$	検出限界 (1×10^{-7} M)
(i) クラウンエーテル+ポリニトロアニリン誘導体 ほか6種	K$^+$	
(j) o-3, m-3, p-3 型 チアクラウン-アゾニトロフェノール誘導体（HO—…—N=N—…—NO$_2$）	Ag$^+$, Cu$^+$	o-3 型 $\varepsilon_{Ag}=3.34\times10^4$ (525 nm) m-3 型 $\varepsilon_{Ag}=3.62\times10^4$ (531 nm) p-3 型 $\varepsilon_{Ag}=3.12\times10^4$ (528 nm)

か，錯体を形成した場合に金属と配位子間に電荷移動吸収が生ずることを利用したり，高い吸光係数を持つ色素と荷電錯体の間にイオン対を形成させて，有機溶媒に抽出したりして金属イオンを定量する．金属イオンと呈色反応を示す配位子の例を表2.4に示す．一般にモル吸光係数(ε)が〜100では，定量分析には感度が低すぎて適当でなく，10^3から10^4のモル吸光係数を持つ化合物が定量分析に利用される．ポルフィリン錯体のように吸光度が10^4以上であるものを利用すれば，極めて高感度な分析法となる．

2.1.4 有機化合物における吸収スペクトルと用語

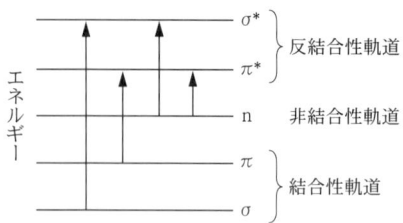

図2.7 分子軌道と電子遷移

有機化合物の場合の吸収に伴う電子遷移の例を，図2.7に示す．通常 $\sigma \to \sigma^*$ 遷移はエネルギー幅が大きすぎて，紫外可視領域に吸収は現れない．また $n \to \sigma^*$ も 200 nm 以下に吸収があるのが普通である．したがって有機化合物に吸収を与えるのは，π 電子を持つ官能基である．これらの官能基は $\pi \to \pi^*$ あるいは $n \to \pi^*$ 遷移を起こすもので，発色基(発色団：chromophore)と呼ばれる．この発色基の吸収を長波長側へ移動する作用を深色効果(bathochromic effect または red shift)，短波長側へ移動する作用を浅色効果(hypsochromic effect または blue shift)と呼ぶ．さらに発色基の吸光係数を増加させる作用を濃色効果(hyperchromic effect)，吸収を減少させる作用を淡色効果(hypochromic effect)と呼ぶ．また，発色基に結合している官能基で非共有電子対を持つものは，発色基の吸光係数を上げたり，深色作用をもたらしたりするので，助色基(auxochrome)と呼ばれる．

上記の現象は次のような場合に現れる．

(1) $\pi \to \pi^*$ 吸収体については，共役ポリエン(1つおきの二重結合，n)の長さに対応して，深色効果，濃色効果が大きくなる(表2.5)．

(2) 置換ベンゼンの紫外可視スペクトルについて，ベンゼンの吸収帯の種類により置換基の影響が異なる．B-吸収帯よりも K-吸収帯の方が影響を受けやすく，深色作用の大きさは以下のようになる(表2.6)．

電子供与基：$CH_3 < Cl < Br < OCH_3 < NH_2 < O^- < NHCOCH_3 < N(CH_3)_2$

電子吸引基：$NO_2 > CHO > COCH_3 > CO_2H > CO_2^- \sim CN > SO_2NH_2 > NH_3$

(3) 分子に立体障害がありひずみを生ずると，吸収帯は淡色効果を示す

表 2.5 ポリエン化合物，$H-(CH=CH)_n-H$

n	1	2	3	4	5	6
λ_{max}(nm)	180	217	268	304	334	364
$\varepsilon_{max}(\times 10^3)$		10	21	34	64	121	138

芳香環にはE-，K-，B-吸収帯があり，共役長の増大により，いずれも深色効果，濃色効果を示す．

表 2.6 一置換ベンゼン

置換基	K-吸収帯		B-吸収帯		置換基	K-吸収帯		B-吸収帯	
$-R$	λ_{max} (nm)	ε_{max} ($\times 10^3$)	λ_{max} (nm)	ε_{max} ($\times 10^3$)	$-R$	λ_{max} (nm)	ε_{max} ($\times 10^3$)	λ_{max} (nm)	ε_{max} ($\times 10^3$)
$-H$	204	7.9	256	0.2	$-NH_2$	230	8.6	280	1.4
$-NH_3^+$	203	7.5	254	0.2	$-O^-$	235	9.4	287	2.6
$-CH_3$	207	7.0	261	0.2	$-C\equiv CH$	236	12.5	278	0.7
$-I$	207	7.0	257	0.7	$-SH$	236	10	269	0.7
$-Cl$	210	7.4	264	0.2	$-COCH_3$	240	13	278	1.1
$-Br$	210	7.9	261	0.2	$-CH=CH_2$	244	12	282	0.5
$-OH$	211	6.2	270	1.5	$-CHO$	244	15	280	1.5
$-OCH_3$	217	6.4	269	1.5	$-C_6H_5$	246	20	—	—
$-CN$	224	13	271	1.0	$-N(CH_3)_2$	251	14	298	2.1
$-COOH$	230	10	270	0.8	$-NO_2$	269	7.8	—	—

表 2.7 スチルベン類似化合物(上)，ジフェニルとアセトフェノン(下)

化合物	シス体		トランス体	
	λ_{max}	ε_{max}	λ_{max}	ε_{max}
$C_6H_5-CH=CH-COOH$	264	9.5×10^3	273	21.0×10^3
$C_6H_5-CH=CH-C_6H_5$	278	13.5	295	27.0
$C_6H_5-N=N-C_6H_5$	324	15.0	320	21.0

化合物	K-吸収帯		化合物	B-吸収帯	
	λ_{max}	ε_{max}		λ_{max}	ε_{max}
ジフェニル	248	17.0×10^3	アセトフェノン	237	12.1×10^3
2-メチル-	237	10.3	2-メチル-	237	10.7
2,2′-ジメチル-	228	6.0	2,6-ジメチル-	~235	2.0

表2.8 励起π軌道(π*)への遷移

溶　剤	π→π*	n→π*
イソオクタン	230.6 nm	321 nm
クロロホルム	237.6	314
水	242.6	

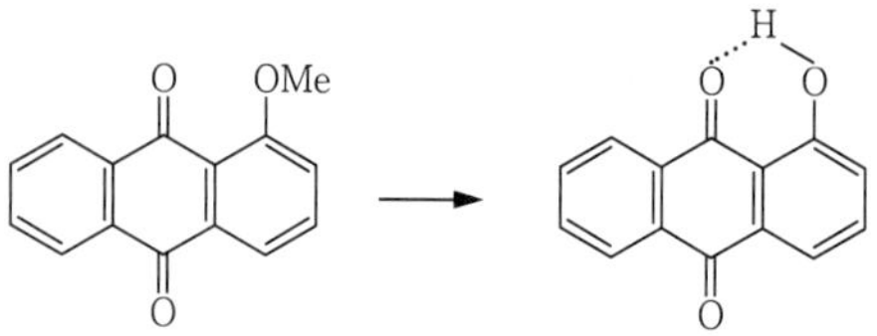

図2.8 分子内キレートの効果

(表2.7).

（4） 極性の大きい溶媒に溶解するほど，π→π*は深色移動しn→π*は浅色移動する(表2.8).

（5） 分子内にキレート生成が起きると深色移動が起きる(図2.8).

2.1.5 吸収スペクトル

透過率または吸光度を，波長を変化させながら測定すると，いわゆる吸収スペクトルが得られる．溶液のpHなどの実験条件を変化させながら吸収スペクトルを測定すると，吸収強度が変化しない波長が現れることがある．これは変化させる実験条件に対して2種類の化学種が平衡関係にあることを意味しており，等吸収点(isosbestic point)と呼ばれている．図2.9にこの例を示す．化学種Aが，水素イオンのように吸収がないものBとの間で，$A + nB = AB_n$の平衡が存在する場合，

$$\text{溶液の吸収} \quad E = \varepsilon_A[A] + \varepsilon_{AB_n}[AB_n]$$

$$\text{Aの全濃度} \quad [A]_t = [A] + [AB_n]$$

$$\text{したがって} \quad E = \varepsilon_A\{[A]_t - [AB_n]\} + \varepsilon_{AB_n}[AB_n] \quad (2.6)$$

波長λにおいて，Aの吸光係数$\varepsilon_{A\lambda}$とAB_nの吸光係数$\varepsilon_{AB_n\lambda}$が等しくなるとき，式(2.6)は，$E_\lambda = \varepsilon_{A\lambda}[A]_t$となる．すなわち波長$\lambda$において吸光度は，吸収のない[B]のみならず[A]や$[AB_n]$に無関係となる．こうした点を用いて，物質Aを定量する場合もある．

吸収スペクトルの波長変化が乏しく，極大波長の見分けがつきにくい場合，吸光度を波長に対する微分形で取ることがある．微分スペクトルを取ることによって，大きな吸収に隠れた小さな吸収，幅広い吸収の吸収極大波長の測定，

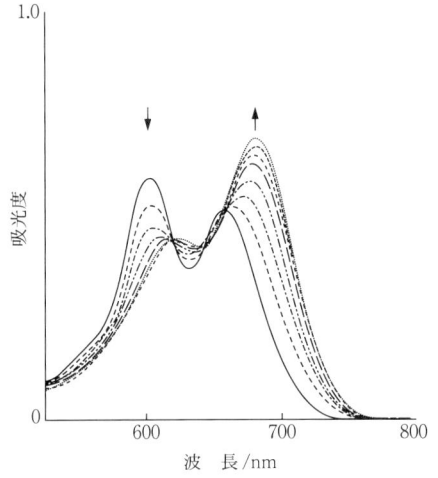

図2.9 オクタブロモテトラフェニルポルフィリンと亜鉛の錯体のトルエン溶液にピリジンを加えていったときのスペクトル変化

濁りや妨害成分が共存する系での測定,重なり合った吸収体の確認などが可能となる場合がある.

2.2 蛍光分析
2.2.1 原理

図2.10において,基底状態にある電子を,光によって励起し,励起状態を作り出した後,基底状態へ戻る際に発光する場合,この発光を検出する方法を蛍光光度法という.このとき,電子のスピンの向きが基底状態と同じで変化しない場合を一重項,またスピンの向きが反転した状態を三重項と呼んでいる.励起一重項へ遷移したのち,多くの場合は振動準位の一番下から基底状態へ移る.このように,励起一重項の振動準位の一番下まで発光現象を伴わず遷移する場合を内部転換と呼んでいる.図2.10にあるように,スピンが反転して励起一重項状態から三重項状態へ移ることを系間交差(項間交差)という.系間交差によって電子が三重項状態へ移り,ここから基底状態へ遷移する際の発光を

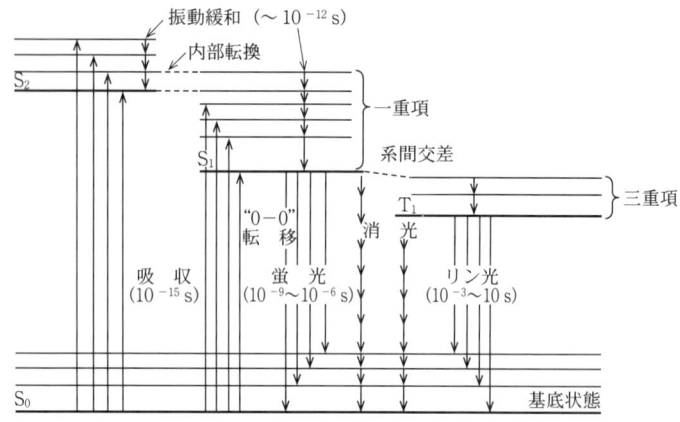

図2.10 吸収過程,緩和過程,そしてその速度を示すエネルギー準位のダイヤグラム
S_0, S_1, S_2:一重項 T_1:三重項

リン光と呼ぶ.通常は三重項から一重項への遷移はほとんどが熱として放出される無放射遷移である.励起状態にある時間は,蛍光では10^{-9}から10^{-6}秒であるが,リン光では10^{-3}から10秒におよぶ.これは,三重項と一重項の組み合わせが,禁制遷移(許容されていない遷移)だからである.

蛍光物質によって光源光が吸収された場合,透過光の強さは濃度が低い場合ランベルト-ベールの法則に従うので,

$$I = I_0 \cdot 10^{-\varepsilon lc} \tag{2.7}$$

となる.したがって吸収されたエネルギーは,

$$I_0 - I = I_0(1 - 10^{-\varepsilon lc}) \tag{2.8}$$

となり,蛍光の強さは光源の強さI_0に比例する.また光源の光量子の1個に対して放出された光量子数を量子収率(ϕ)と呼び,蛍光強度は以下の式に示される.

$$F = kI_0(1 - 10^{-\varepsilon lc})\phi \tag{2.9}$$

kはセルからの蛍光を観測する立体角などを含む効率である.

蛍光光度法は,吸光光度法に比較して,約3桁ほど高感度である.また検量

範囲も広い．吸光光度法に比較しての難点は，蛍光を発する物質が限られたものである点である．

2.2.2 測定

図 2.11 に蛍光光度計の光学系を示す．式 (2.9) に示すように，蛍光強度は直接光源の強度に関係する．そこで輝度の高い光源，たとえば低圧ないしは高圧水銀灯やキセノンランプが使用される．また，特別な場合として，光源にレーザーが用いられる場合もあり，様々な励起状態の特性を時間分解蛍光で調べたり，極微量の試料を定量したりする場合に使われる．光学系で一般に行われるように測定波長を一定にして，励起光の波長を変化させる場合と，励起波長を一定にして測定(蛍光)波長を変化させる場合がある．これらのスペクトルは，図 2.12 にも示すとおり，対称形になっている場合が多い．これは，励起スペクトルでは基底状態から励起状態の各振動準位への励起を測定するのに対し，蛍光スペクトルでは，励起状態の最低振動準位から，基底状態の各振動準位への遷移を測定することによる．励起波長を固定し，測定波長を変化させる場

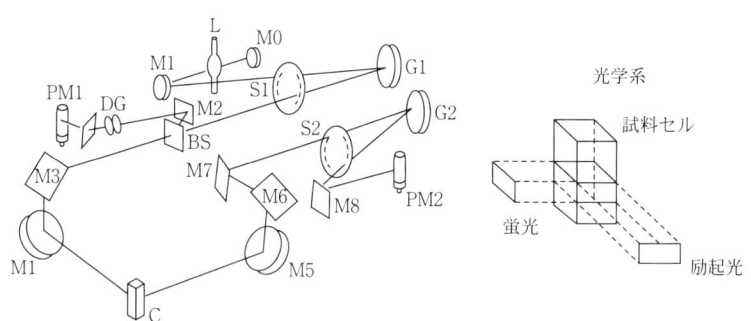

L	：キセノンランプ (150 W)	DG	：拡散板
M1	：楕円面鏡	PM1	：モニタ用光電子増倍管
M0, M2, M8	：凹面鏡	M3, M6, M7	：平面鏡
M4, M5	：トロイダル鏡	S2	：蛍光側分光器スリット
G1, G2	：凹面回折格子 (1800 本/mm)	PM2	：測光用光電子増倍管
S1	：励起側分光器スリット	C	：試料セル
BS	：石英製ビームスプリッタ		

図 2.11 蛍光光度計の光学系

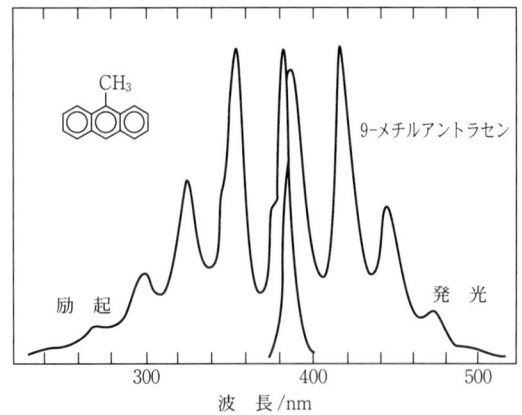

図 2.12　蛍光を発する分子の励起・発光スペクトル

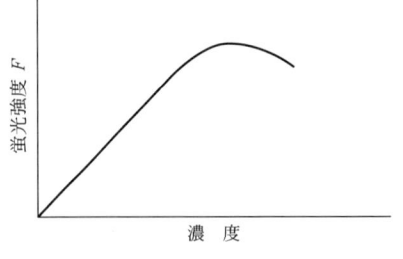

図 2.13　蛍光光度法における検量線

合，励起波長から 50 nm ほど離れた波長に溶媒のラマン散乱(p. 40 参照)のピークが現れることが多いので，注意を要する．

蛍光を測定するに当たって，励起された状態の測定分子が蛍光を発せずに基底状態に戻ってしまう場合がある．これを消光と呼んでいる．消光の原因としてまず挙げられるのは，測定分子種自身が，濃度の増加とともに消光を起こすもので，濃度消光と呼ばれている．したがって，濃度に対する検量線は，図 2.13 のように山型になってしまう．さらに酸素や常磁性金属イオンの共存も消光の原因となる．その他，温度の上昇や重原子イオンの共存も消光を引き起こすことがある．こうした消光は，系間交差によって励起一重項状態から三重項状態へ移るのを促進し，熱として基底状態へ戻る過程を促進することによる．

2.3 化学発光

化学発光とは，反応試薬の混合によって発熱反応の代わりに発光をもたらすもので，気相で起こるものと液相で起こるものに分けられる．気相化学発光の代表的なものは，一酸化窒素とオゾンの混合によるもの($NO + O_3 \rightarrow NO_2 + O_2$)で，波長 400 nm～2 μm におよぶ幅広い発光が得られる．また海水中などの硝酸，亜硝酸を一酸化窒素に変換してオゾンと混合し，高感度検出を行う方法も開発されている．またヒ素，アンチモン，リン，ケイ素，ホウ素などの水素化物もオゾンとの混合で化学発光が得られる．一方液相の化学発光としては，ルミノールの反応が代表的である．ルミノールは図 2.14 に示すように，塩基性下で酸化剤により酸化され，3-アミノフタル酸になるときに，425 nm を中心とする青白い発光を起こす．ただし反応には触媒が必要である．酸化剤としては，過マンガン酸イオン，次亜塩素酸，ヨウ素などがあるが，よく用いられるのは過酸化水素である．ルミノールと過酸化水素との反応の触媒である，鉄(III)，マンガン(II)，コバルト(II)などが化学発光を利用して定量されている．

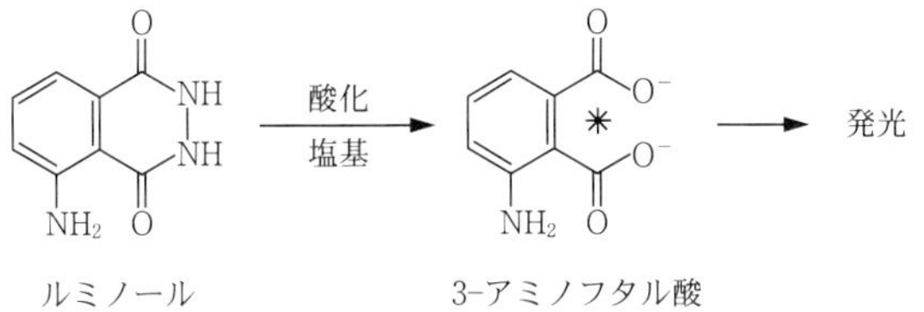

図 2.14 ルミノールの発光機構

2.4 原子スペクトル分析

原子スペクトル分析は，原子状態の元素(主として金属元素)の吸光または発光を測定するものである．原子は分子と異なり，振動や回転準位を伴わないため，そのスペクトルの線幅は 0.001 nm 程度であり，分子スペクトルがバンドスペクトルと呼ばれるのに対して，原子スペクトルはライン(線)スペクトルと呼ばれる．非金属元素を除いて，微量の金属元素を定量する方法として有力な

手段である.

2.4.1 原子吸光分析

光源からの光吸収によって原子を定量するものであるが,前述の吸光光度法とは異なり,原子の発光を光源にする必要がある.すなわち,通常の分光器の分解能は,最高でも 0.1 nm 程度であり,この線幅の光が受光部で検出されることになる.一方,原子の吸収幅は 0.001 nm 程度であり,したがって連続光源では線幅 0.001 nm の原子が吸収しても受光部で受ける光量の変化はほとんどない.そこで同じ線幅を持つ原子の発光線を光源にして吸収強度を測定することになる.なお,溶液内に溶けている測定元素は,炎や炉の中で約 3000 ℃まで加熱されると,溶媒から分離し分子が分解して,原子蒸気が生成する.

基底状態(0)と励起状態(j)の比はボルツマン(Boltzmann)分布で与えられる.すなわち,

$$\frac{N_j}{N_0} = \frac{g_j}{g_0} e^{-\frac{\Delta E_j}{kT}} \tag{2.10}$$

ここで g は対象とする準位の重なり,ΔE_j は準位 0 と j のエネルギー幅,k はボルツマン定数である.表 2.9 に様々な元素の各種温度における基底状態と励起状態のボルツマン分布比を示す.表から明らかなように,3000 K 程度の温度であってもほとんどの元素は,大部分基底状態にある.したがって基底状態から励起状態への遷移に基づく方法(吸収法)が,数の上からは圧倒的に有利である.もちろん感度は単純なボルツマン分布だけでは決まらないが,特に 300

表 2.9 励起温度と原子分布

元素	共鳴線 (nm)	原子分布 (N_j/N_0)*			
		T=2000 K	T=3000 K	T=4000 K	T=5000 K
Cs	852.1	4.44×10^{-4}	7.24×10^{-3}	2.98×10^{-2}	6.82×10^{-2}
Na	589.0	9.86×10^{-6}	5.88×10^{-4}	4.44×10^{-3}	1.51×10^{-2}
Ca	422.7	1.21×10^{-7}	3.69×10^{-5}	6.03×10^{-4}	3.33×10^{-3}
Zn	213.9	7.29×10^{-15}	5.58×10^{-10}	1.48×10^{-7}	4.32×10^{-6}

* N_j/N_0=(励起状態の原子数)/(基底状態の原子数)

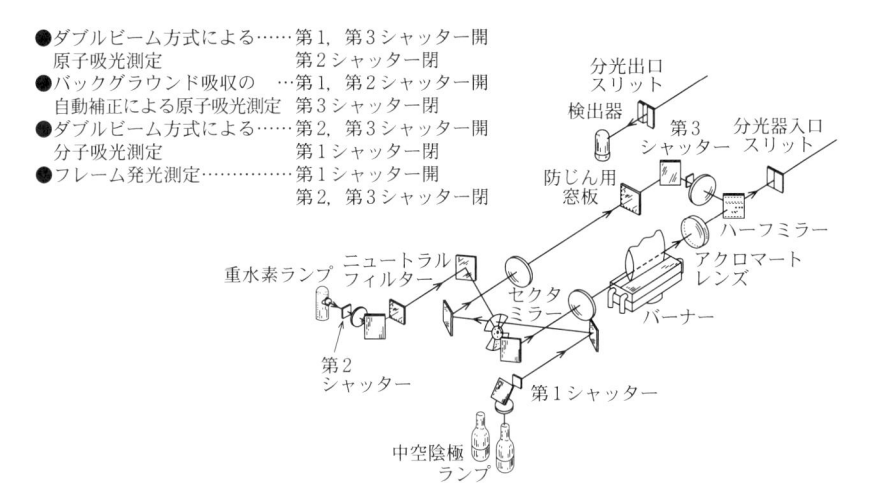

- ダブルビーム方式による……第1，第3シャッター開
  原子吸光測定　　　　　　　第2シャッター閉
- バックグラウンド吸収の　　…第1，第2シャッター開
  自動補正による原子吸光測定　第3シャッター閉
- ダブルビーム方式による……第2，第3シャッター開
  分子吸光測定　　　　　　　第1シャッター閉
- フレーム発光測定…………第1シャッター開
  　　　　　　　　　　　　　第2，第3シャッター閉

図2.15　原子吸光分析装置の光学系(島津製作所 AA-6500)
　　　　バックグラウンド吸収の自動補正が可能なダブルビーム分光器となっている．

nmの共鳴線を持つ原子に対しては，原子吸光法は発光法に比べて有利である．

原子吸光の装置図を図2.15に示す．原子吸光法も吸光光度法と同じくランベルト-ベールの法則に従うが，溶液から原子蒸気を得るところが吸光光度法と異なる点である．測定の対象となるのは，金属元素および半金属元素である．非金属元素の多くは共鳴線が180 nm以下の真空紫外域にあり，また様々な化合物を形成しており，原子の状態を得るのが困難であるなど，原子吸光法での測定は不可能である．

（1）光源

図2.16に示す中空陰極ランプを光源に用いる．中空陰極ランプは，ネオンまたはアルゴンが封入されており，陰極は測定元素でできた合金のへこみのついた円筒からなっている．陽極と陰極間に250〜800 V程度の電圧をか

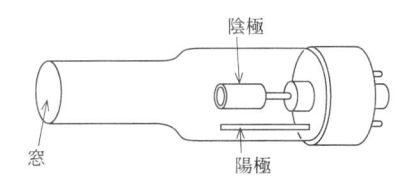

図2.16　中空陰極ランプ

けると，放電により正に帯電したネオン（またはアルゴン）が陰極のへこみの部分の測定元素をたたいて放出させ（スパッタリング），励起・発光を行う（流れる電流は数 mA である）．また，まれに高周波無電極放電管が光源に用いられることがある．これは石英のロッドに金属のハロゲン化物をアルゴンやネオンとともに封入したもので，これに高周波をかけて発光させる．なお，図 2.15 では中空陰極ランプと重水素ランプが交互に入射するようになっている．これは原子の吸収線が 0.001 nm と極めて狭いため，重水素ランプのような連続光源では測定することができないからである（原子の吸収が起こっても，あまりにも吸収線が狭いため入射光量が変化しない）．一方，粒子や分子の吸収は幅が広いため，重水素ランプでも中空陰極ランプでも測定される．したがって中空陰極ランプの吸収量から重水素ランプの吸収量を差し引けば，正味の原子に由来する吸収が測定される．これをバックグラウンド補正と呼ぶ．

（2）原子化

試料は通常金属元素の水溶液である．原子化の方法として黒鉛（グラファイト）炉を用いる場合，溶液を 100～200 ℃ で 2～5 分（乾燥），500～800 ℃ で 2～5 分加温（灰化）し，最後に 3000 ℃ 付近まで加熱して原子蒸気を得る．ここでは黒鉛炉に数十 V，200 A の電流を流して加温する．装置図（図 2.17）にも示すが，試料は円筒形の黒鉛炉のほぼ中央に注入し，アルゴン気流中で加熱する．注入する試料量は 5～100 μL 程度である．

一方，炎を原子化手段に用いる場合，全噴霧型と予混合型の 2 種のバーナーが存在する．全噴霧バーナーでは，燃焼速度の速い炎でも用いることができるが，試料溶液の炎への混合が充分でないために，多くの元素では原子化が充分起こらず，感度も低い．図 2.18 にその構造を示す．一方，予混合バーナーの構造も図 2.18 に示す．予混合バーナーでは，試料溶液は霧吹きの原理で助燃気体で噴霧された後，ディスパーザーでさらに細かい霧となり，不足分の助燃気体と燃料と混合されて，バーナーのスリットより放出される．バーナーのスリットの長さは通常 10 cm であるが，一酸化二窒素／アセチレンでは，5 cm のものが用いられている．通常の 10 cm のスリットバーナーは，空気／アセ

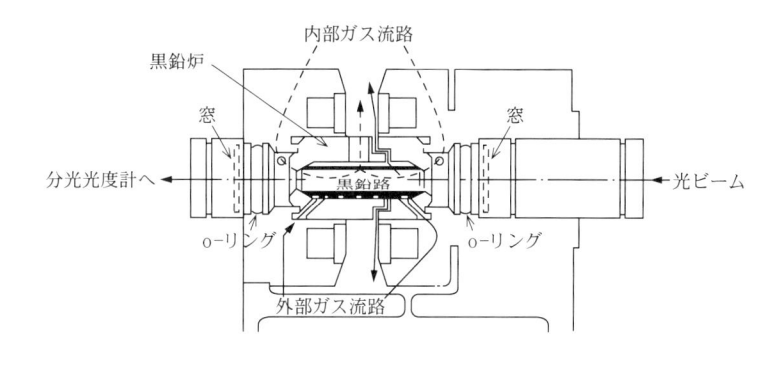

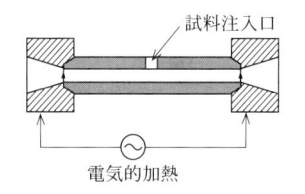

図 2.17 黒鉛炉の断面図(Perkin-Elmer 社のカタログを基に作成)

チレン,空気／水素炎などに使用される.最もよく用いられるのは空気／アセチレン炎であるが,炭素の存在によって感度が低下するスズや波長の短いヒ素などでは,空気／水素炎が用いられる.予混合バーナーでは,溶液の 5〜10 % しか炎に導入されず,残りはチャンバーのドレイン口より排出されてしまう.それでも全噴霧バーナーより感度が高い.全噴霧バーナーは,酸素／アセチレンなどの燃焼速度の高い炎に用いられる.しかし黒鉛炉などの無炎原子吸光法に比較すると,予混合バーナーを使った原子吸光法は感度が 2 桁ないし 3 桁悪い.これは炎の希釈効果の他,炎の中で測定元素が様々な反応をするため 100 % の原子化効率が得られないためである.

測定元素を炎や炉で気化する方法の他に還元気化法と呼ばれる方法がある.水銀イオンは,硫酸スズ(II)によって還元され原子となる.

$$Hg^{2+} + Sn^{2+} \longrightarrow Hg(原子) + Sn^{4+}$$

溶液中で得られた原子状の水銀はアルゴンや窒素によって気相に追い出され,

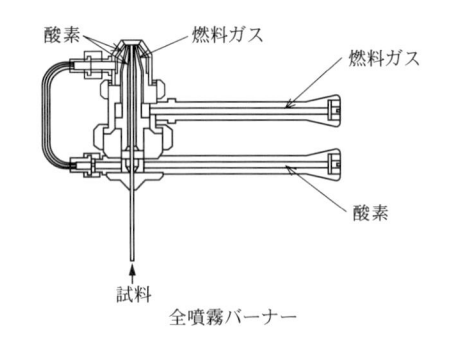

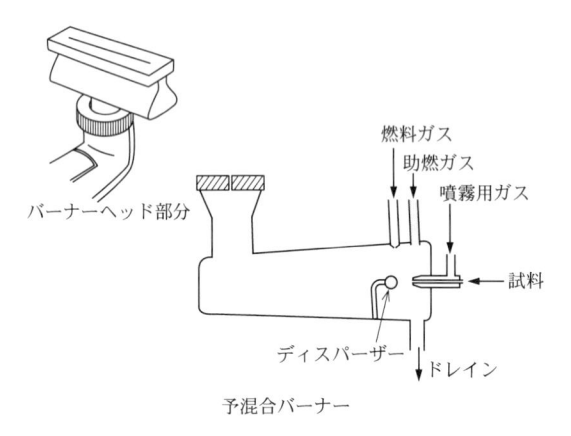

図2.18 原子吸光法で用いられるバーナー

原子吸光の光路に設置された石英セル中に入れられる．この方法は，原子吸光法において最も高い感度が得られるものとして知られる．

その他，化学発光法の部分で示したように，$NaBH_4$(5％程度の水溶液)を還元剤として反応させ，水素化物とした後，試料溶液よりアルゴンやヘリウムで気相に追い出す．こうした水素化物は分解しやすいので，黒鉛炉や炎に入れて原子化すると高い感度が得られる．このような方法が提案されている元素は，ヒ素，アンチモン，テルル，スズ，ビスマス，鉛，ゲルマニウム，セレンなどである．また固体状態ではリン，ホウ素，ケイ素なども水素化物を発生させ，測定することができる．

2.4.2 フレーム分析

炎色反応で知られるように，金属特有の発光スペクトルが定量分析・定性分析に用いられている．表 2.10 に示したが，酸素とジシアン$(CN)_2$の燃焼では 4500 °C が得られるが，取り扱いが極めて危険なため，ほとんど用いられていない．フレーム分析は，顕著な炎色反応を示すアルカリ，アルカリ土類に限定され，前述の原子吸光と同じ装置で測定される場合が多い．この際用いられる炎は，空気／水素，空気／アセチレン，一酸化二窒素／アセチレンなどの組み

表 2.10 燃焼温度と燃焼波速度

燃焼ガス	最高燃焼波速度 $(cm\ s^{-1})$	最高温度 (°C) 計算値	最高温度 (°C) 測定値
空気／石炭ガス	約 (ca.) 55		1918
空気／プロパン	43		1925
空気／水素	440	2047	2045
	320	2100	
空気／アセチレン	266	2250	2325
	170	2290	2275
50 % 酸素／50 % 窒素／アセチレン	640	2815	
酸素／石炭ガス			2720
酸素／プロパン	390	2835	
酸素／水素	1190	2815	
	1120	2810	
		2680	2660
酸素／アセチレン	2480	3257	3140
	1130	3060	
		3110	3100
酸素／ジシアン (1:1 のモル比)	140	4600	ca. 4500
	270	4540	4370
一酸化二窒素／プロパン／ブタン	ca. 250		ca. 2550
一酸化二窒素／水素	390	ca. 2660	ca. 2550
	380	ca. 2640	
一酸化二窒素／アセチレン	160	ca. 2950	ca. 2700
一酸化窒素／水素 (1:1 のモル比)	30	2840	2820
一酸化窒素／アセチレン	87	3090	3095
二酸化窒素／水素	150	2660	1550
二酸化窒素／アセチレン	135		

合わせによるものである．さらに，近年ではガスクロマトグラフの検出器（FPD：flame photometric detector）として，硫黄，スズ，リンなどの分子発光が利用されている．

2.4.3 ICP-原子発光分析

ICPは誘導結合プラズマ（inductively coupled plasma）の略であり，1964

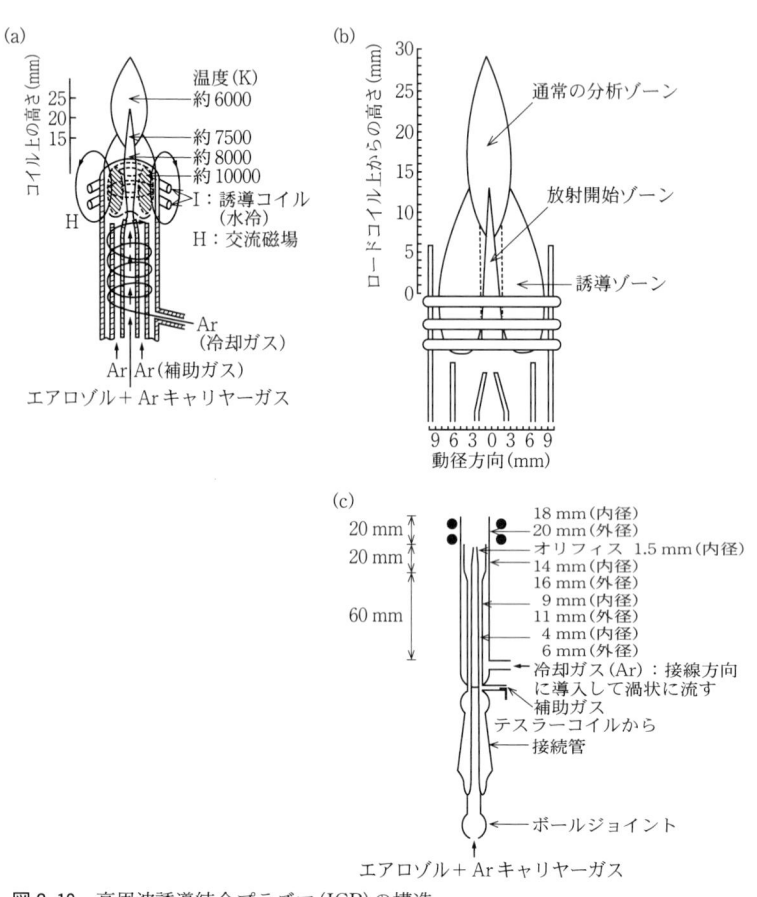

図2.19 高周波誘導結合プラズマ（ICP）の構造
(a)アルゴンICPの点灯状態と温度分布（冷却ガス15～20 L/min，キャリヤーガス0.5～1 L/minを流し，高周波出力1～2 kWでプラズマを点灯する）　(b)ICPの構造と各部の名称　(c)ICP発光分析で用いられるプラズマトーチ

年，アメリカの Fassel とイギリスの Greenfield によって作られたものである．これはアルゴンに高周波をかけて放電させ，プラズマを形成させるものである．実際には，図 2.19 に示したような三重構造を持つトーチにアルゴンを流し，これにコイルから高周波をかけていわゆるドーナツ状のプラズマを形成させる．コイルは通常銅管でできており，内部を水冷するようになっている．このコイルに 20〜50 MHz，1〜2 kW の高周波を流して，誘導結合プラズマを生成する．フレーム型原子吸光と同様に霧状となった試料溶液が，プラズマのドーナツ部に導入される．形成されたプラズマは，そのドーナツ型構造の内部では 10000 K 近くに達するが，プラズマの表皮効果と呼ばれる作用によって，試料ははじかれてしまい内部に入ることができない．そこでドーナツ型構造の中心部から試料は導入され，上部にできるプラズマ炎 (5000〜6000 K) で励起された金属の発光を測定することになる．誘導コイル直上で最も高い輝度を与える元素もあるため，トーチの分光器側が削られている装置もある．しかし通常は，コイルから 15〜20 mm の部分で最も強い発光が得られる．このような ICP-原子発光分析で得られる元素の検出限度を，表 2.11 に示す．原子吸光法に比較して，検量範囲が 4〜5 桁と広いことは，多元素同時定量と並ぶ本法の特徴である．

2.4.4 ICP-質量分析

誘導結合プラズマをイオン源とする質量分析計は，Houk, Fassel などによって 1980 年に最初の論文が発表された．その後 1990 年代に入って急速に普及するようになった．大気圧下で稼働する ICP から高真空で稼働する質量分析計へのインターフェースが，この方法の要点である．ICP-質量分析計のシステムの例を図 2.20 に示す．通常，プラズマの先端部はサンプリングコーンと呼ばれる 1 mm 程度の穴の開いた板にぶつかり，イオンが導入される．さらに 0.5〜1 mm の穴の開いたスキマーコーンに流れたイオン流は，質量分析部に導入される．この部分を図 2.21 に示す．サンプリングコーンとスキマーコーンを通過したイオンは，イオンレンズ系に入って，イオンの整流となる．ただし，中性イオンや ICP 自身の発光が検出の際妨害となるので，この部分は

表2.11 検出限界の比較(単位:ng/mL)(河口広司・中原武利:『プラズマイオン源質量分析』(学会出版センター,1994)より転載)

元素	ICP-MS*	ICP-AES**	GFAAS***	元素	ICP-MS	ICP-AES	GFAAS
Ag	0.005	0.2	0.01	Na	0.11	0.1	0.001
Al	0.015	0.2	0.08	Nb	0.002	0.2	—
As	0.031	2	0.16	Nd	0.007	0.3	200
Au	0.005	0.9	0.24	Ni	0.013	0.2	0.4
B	0.25	0.1	50	Os	—	0.4	5.4
Ba	0.006	0.01	0.08	P	—	15	100
Be	0.05	0.003	0.02	Pb	0.01	1	0.08
Bi	0.004	10	0.08	Pd	0.009	2	1.6
Ca	0.73	0.0001	0.02	Pr	0.003	10	80
Ce	0.004	0.4	—	Pt	0.005	0.9	1.6
Cd	0.005	0.07	0.004	Rb	0.005	—	—
Co	0.005	0.1	0.16	Re	—	6	20
Cr	0.04	0.08	0.08	Rh	0.002	30	0.4
Cs	0.002	—	—	Ru	—	30	8
Cu	0.04	0.04	0.08	Sb	0.012	10	0.16
Dy	0.007	4	3.4	Sc	0.015	0.4	0.74
Er	0.005	1	9	Se	0.37	1	0.16
Eu	0.007	0.06	0.2	Si	—	2	0.01
Ga	0.004	0.6	0.1	Sn	0.01	3	0.08
Gd	0.009	0.4	80	Sr	0.003	0.002	0.04
Ge	0.013	0.5	0.6	Tb	0.002	0.1	100
Hf	—	10	680	Te	0.032	15	0.08
Hg	0.018	1	0.8	Th	0.001	3	—
Ho	0.002	3	1.8	Ti	0.011	0.03	0.8
In	0.002	0.4	0.22	Tl	0.003	40	0.08
Ir	—	30	3.4	Tm	0.002	0.2	0.2
Fe	0.58	0.09	0.06	U	0.001	1.5	20
K	—	30	0.002	V	0.008	0.06	0.8
La	0.002	0.1	24	W	0.007	0.8	—
Li	0.027	0.02	0.002	Y	0.004	0.04	8
Lu	0.002	0.1	80	Yb	0.005	0.02	0.1
Mg	0.018	0.003	0.001	Zn	0.035	0.1	0.006
Mn	0.006	0.01	0.02	Zr	0.005	0.06	240
Mo	0.006	0.2	0.24				

* ICP-MS:ICP-質量分析　** ICP-AES:ICP-原子発光分析　*** GFAAS:黒鉛炉原子吸光法
注:GFAASでは50 μL の試料溶液を用いると仮定.

2.4 原子スペクトル分析

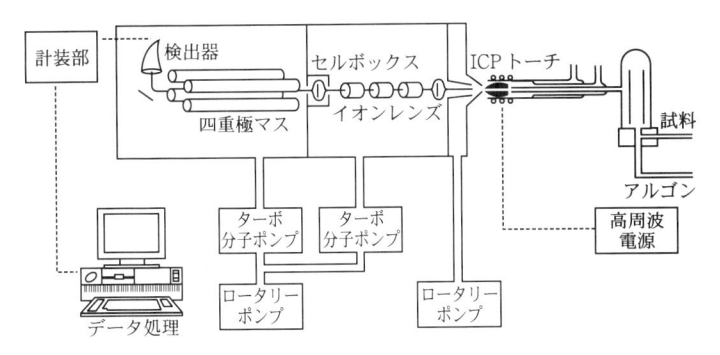

図 2.20 ICP-質量分析計システムの原理図

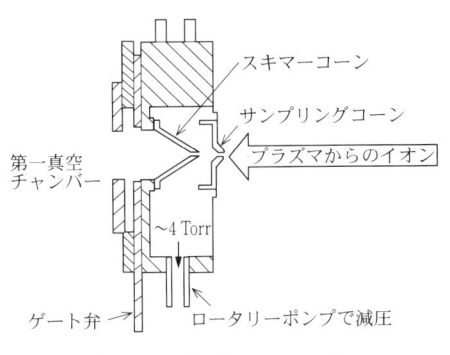

図 2.21 インターフェース部

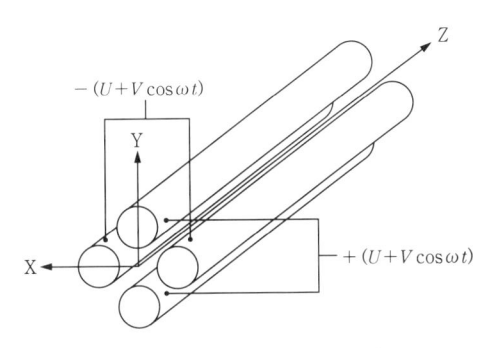

図 2.22 四重極電極とその電位

メーカーごとに様々な工夫がなされている．多くの装置では，質量分析計として四重極質量分析計が使われている．四重極質量分析計は，図 2.22 に示すように並行に配置された 4 本の電極でできており，対向する電極の組に $+(U+V\cos\omega t)$ および $-(U+V\cos\omega t)$ という直流電場(U)と高周波電場($V\cos\omega t$)の重なった電場がかけられている．Z 軸に沿ってイオンが導入されると，Z 軸に沿って高周波電場による力を受けて振動しながら進行するが，この特定の U，V に対応した m/e の値を持つイオンが通過してくることになる．質量分析部を通過したイオンは，光電子増倍管に似た構造の電子管や，セラミックスやガラス管に高電圧をかけたチャンネル型二次電子増倍管などによって増幅され，検出される．一般に ICP-質量分析計は，黒鉛炉原子吸光法などよりも一桁程度感度が高く，現在使用される金属元素の定量法としては，多くの元素について最も高感度である．また定量範囲も 6～7 桁と広いことも特徴である(表 2.11)．

一方，この方法の欠点としては，アルゴンやアルゴン酸化物イオン，溶媒，マトリックス元素に起因するイオンなどにより妨害を受けることである．特に質量数(m/z)が 80 以下の領域では注意を要する．こうした妨害は，四重極質量分析計の代わりに，二重収束型質量分析計などの高分解能質量分析計を用いることによって避けることができるが，装置の価格もかなり高くなる．

2.5 赤外・ラマンスペクトル

分子の振動準位のエネルギー間隔は，通常，赤外線エネルギーと同程度であり，波長にして 1～100 μm 程度である．したがって赤外吸収スペクトルは，分子の振動状態を反映している．

一方，分子(物質)に可視光を当ててその散乱光を調べると，入射光とは少し波長の異なる光が含まれていることが知られている．これをラマン効果といい，これも分子の振動に密接に関連している．

赤外スペクトルとラマンスペクトルをあわせて振動スペクトルと呼ぶ．

2.5.1 赤外吸収分析

分子の振動や回転状態を反映した赤外吸収スペクトルを測定し，それにより定性・定量分析を行う方法を，赤外吸収分析(infrared absorption spectrometry, IR)という．

分子の振動は，原子を表す堅いボールがばねで結ばれて，複雑に振動しているというモデルで考えることができる．この複雑な振動は，いくつかの基本的な振動(基準振動，normal vibration)の組み合わせとして取り扱うことができる．たとえば H_2O や CO_2 は，図2.23のようにいずれも3種の基準振動を持ち，それぞれ図に示したような固有エネルギー(あるいは固有振動数)で振動している．

原子の結合軸に沿っての振動を伸縮振動(stretching vibration)，結合角に変化が起こる振動を変角振動(deformation vibration)という．n個の原子からなる分子は一般に$(3n-6)$個の基準振動を持つが，直線分子に限っては$(3n-5)$個となる．複雑な有機化合物では，多数の基準振動の他に，倍振動や結合振動も加わって吸収スペクトルは複雑になる．図2.24に赤外吸収スペ

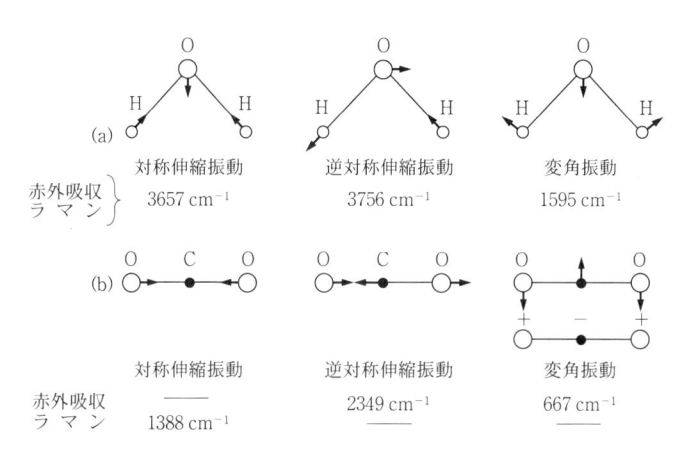

図2.23 水(a)および二酸化炭素(b)の基準振動
二酸化炭素の変角振動には，紙面内での振動と，紙面に垂直な振動の二つがあり，これらは縮重している．

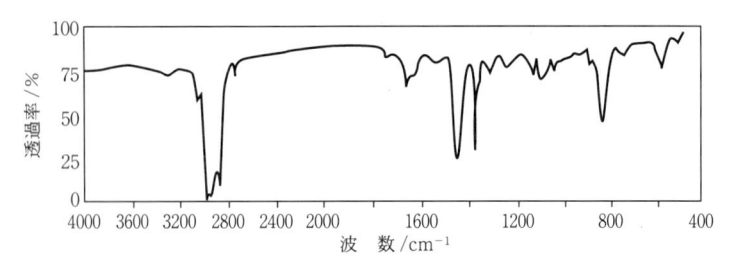

図 2.24 天然ゴムの赤外吸収スペクトル

クトルの例を示す．横軸には波数または波長のどちらかを目盛る．波数と波長の関係は次式で表される．

$$波数(\mathrm{cm}^{-1}) = \frac{10000}{波長(\mu\mathrm{m})} \tag{2.11}$$

量子論的取り扱いによれば，赤外吸収が観測されるのは，分子振動に伴って双極子モーメント μ が変化する場合に限られ，そのような振動を赤外活性といい，そうでないものを赤外不活性という．H_2O の場合，3種の基準振動はいずれも赤外活性であるが，CO_2 の場合は対称伸縮振動のみは赤外不活性となる．一般に CO_2 のように対称中心を持つ分子では，その中心に対して対称な振動は赤外不活性である．したがって，水素，酸素，窒素のような等核二原子分子の振動はすべて赤外不活性である．空気が赤外線をほとんど吸収しないのはそのためである．

有機化合物のように複雑な吸収スペクトルを示す場合でも，分子の中で比較的独立した原子団はそれぞれに特有の吸収帯を示すことが知られている．これを特性吸収帯(characteristic absorption band)という．表 2.12 にいくつかの例を示す．未知化合物の構造推定に特性吸収帯を

表 2.12 特性吸収帯の例

波数領域(cm^{-1})	吸収を示す主な原子団
3700 – 3100	O–H, N–H
3300 – 2700	C–H
1800 – 1500	C=O, C=N, C=C
1500 – 1000	C–C, C–O, C–N
1100 – 800	Si–O, P–O
1000 – 650	=C–H（変角）
800 – 650	C–Cl, C–Br

利用すると，大変効果的である．

(1) 測定装置

赤外分光の装置は，光を分光する方式の違いにより，分散型とフーリエ変換型に大別される．

(i) 分散型赤外分光装置

回折格子による光の分散を利用して分光する方式である．装置の構成は可視分光光度計とほぼ同様である．ただし，光源としては炭化ケイ素棒やニクロム線に電流を通して加熱したものが使われる．検出器として硫化鉛，光電導体，熱電対，ボロメーターなどが用いられる．

図 2.25 にダブルビーム式分散型赤外分光装置の概略を示す．光源から出た光は，強度が等しい 2 つの光束に分けられ，それぞれ試料セルおよび参照セルを通る．2 つの光束は，回転セクターミラーによって交互に回折格子系に送られ，そして検出器により検出される．試料が光を吸収すると，試料側の光束はその分だけ強度が下がり，検出器にはセクターの回転と同じ周波数の交流信号が現れる．サーボモーターにより参照側の光束を減らすように減光器(櫛状のもの)を動かして，交流信号がなくなるように補正する．この補正量が試料に

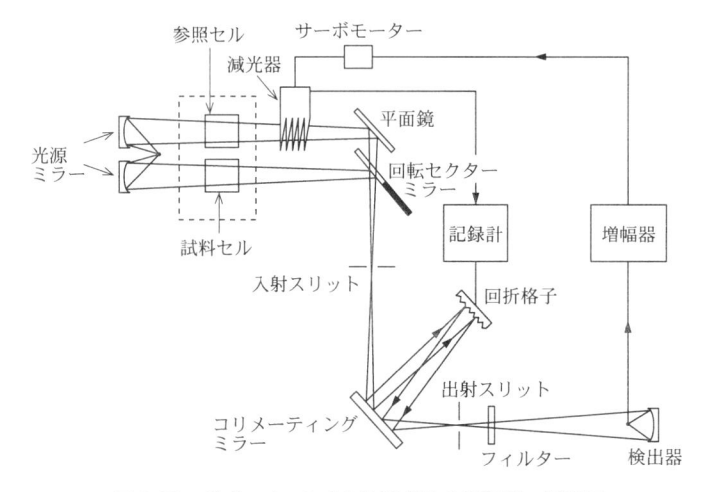

図 2.25　ダブルビーム式分散型赤外分光装置の概略図

よる光の吸収量に対応する．このような測定を波長を変えながら行えば，吸収スペクトルが得られる．

(ⅱ) フーリエ変換赤外分光装置

フーリエ変換赤外分光法(fourier transform infrared spectroscopy, FT-IR)は，分散法とは原理的に異なる分光方式を用いている．

図2.26(a)に光学系の概略を示す．光源から出た光を平行光束にしてマイケルソン干渉計に入れる．ビームスプリッターにより2つの光束に分けられ，一方は固定鏡より反射し，他方は可動鏡より反射して戻ってくる．そして両光束は干渉し合ってインターフェログラム(interferrogram, 干渉波形)を生ずる．すなわち検出される光の強度 I は光路差 x の関数になっている．試料による吸収が加わるとインターフェログラムはさらに複雑なパターンとなる．このパターンをフーリエ変換してスペクトルが求められる．

FT-IRは，分散法と異なって全波長を同時に測定しているので光の利用効率が大変大きいという特徴を有する．短時間で得られるインターフェログラムを多数回積算してSN比(信号／雑音比)を大きく向上させることができる．今日では赤外分光法の主流となっている．

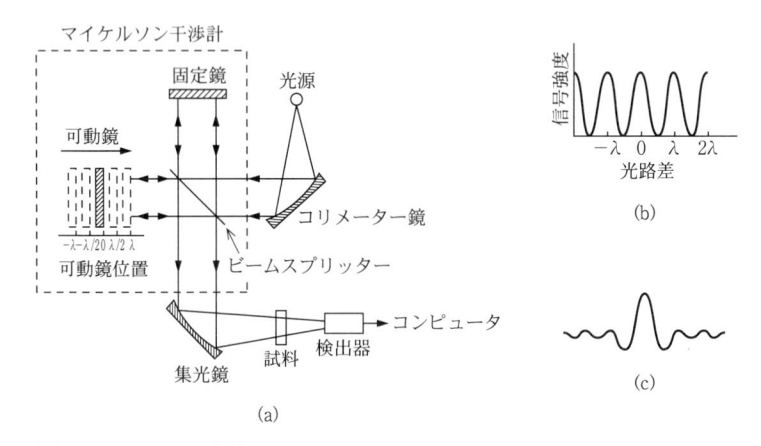

図2.26 FT-IRの概略
(a)マイケルソン干渉計とその周辺 (b)インターフェログラム(試料のないとき) (c)インターフェログラム(試料のあるとき)

（2） 赤外吸収スペクトルの測定

スペクトル測定のための試料容器などは各種市販されており，通常はそれらを利用すれば充分である．

気体試料の測定では，窓材にNaCl，KBrなどを用いた気体セルを使用する．

液体試料の場合，試料を2枚の窓板(NaCl，KBrなど)の間に挟み，0.01〜0.1 mm程度の膜厚として測定する(液膜法)．試料を四塩化炭素，クロロホルムなどの適当な溶媒に溶かして測定する場合もある(溶液法)．またこの方法は固体試料にも適用可能である．

固体試料の測定では，前記の溶液法の他にKBr錠剤法がよく使われる．これは，微粉末にした試料を重量で100〜300倍程度のKBr粉末とよく混ぜ，排気して$5\sim10\,\mathrm{t\,cm^{-2}}$の圧力をかけ，透明な錠剤に成形して測定に用いるものである．また，ヌジョール(nujol)法と呼ばれる，流動パラフィンと混合してペースト状にしたものを溶液法のように窓板に挟んで測定する方法もある．

水は赤外部に大きな吸収を持ち，測定の妨げとなることがしばしばある．試料中にも，また溶媒や錠剤中にも微量ながら存在しており，測定に当たってはこれらを充分に除去することが必要である．

全反射吸収法(attenuated total reflection method，ATR法)

試料面に対して斜め方向から赤外光を入射して全反射を起こさせ，この反射光を測定する方法である(図2.27)．光が試料面で全反射するとき，光の一部

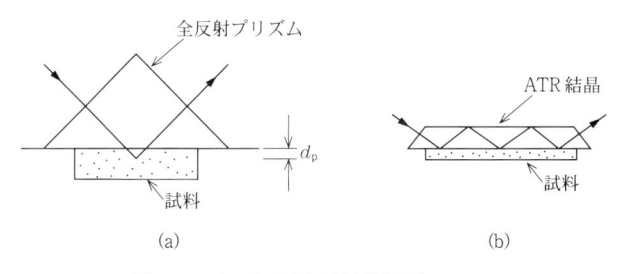

図2.27 ATR法(全反射吸収法)
(a) 1回反射法　(b) 多重反射法

は試料の内部に入ってから反射するので,反射光に試料の吸収特性が含まれていることを利用している.得られるスペクトルは,通常法によるスペクトルとほとんど同じであるが,全反射の際の試料へのもぐり込みの深さ d_p(赤外領域では5 μm 以下)が測定波長に比例するため,長波長側ほど強度が大きくなる傾向がある.実際の測定では,ゲルマニウムなど屈折率の高い物質を試料表面にのせ,この媒質を通して赤外光を入射して全反射を起こしやすくする工夫をしている.この方法により,従来の方法では測定困難な試料,たとえば,加硫ゴムのように粉砕の困難なものや,加工しにくい厚い板などの測定も可能となった.また水溶液中の主成分の測定などもこの方法で行われる.

赤外スペクトルでは,一般に,ある原子団の特性吸収波数は,母体の化合物の違いによらずほぼ一定しており,さらに,母体が類似物質の場合にはモル吸収係数もほぼ一定している.このことを利用して,類似物質をたよりにして未知化合物の含有量の推定や官能基数などの推定を行うことができる.よく利用される原子団は,C–H 基,O–H 基,N–H 基,C=O 基,芳香族化合物の各種置換体,などである.このような方法を官能基分析(functional group analysis)という.

2.5.2 ラマン分析

(1) ラマン効果

図 2.28 のような実験装置を構成し,振動数 ν の強い単色光を試料に当て,散乱光をレンズで集めて回折格子で分光すると,散乱光の成分には入射光と同じ振動数 ν の光の他に,これとは振動数の異なった光も含まれていることがある.これをラマン効果(Raman effect)という.入射光と同じ振動数を持つ散乱光をレイリー散乱(Rayleigh scattering),振動数の異なった散乱光をラマン散乱(Raman scattering)という.ラマン散乱光は,入射光の振動数 ν と,その物質に固有な振動数 ν_0 とが結合したもので,振動数 $\nu_0-\nu$ のストークス線(Stokes line,長波長側)と振動数 $\nu_0+\nu$ の反ストークス線(anti-Stokes line,短波長側)とからなる.

一般に反ストークス線は強度が弱く,かつストークス線以上の情報は含まれ

2.5 赤外・ラマンスペクトル

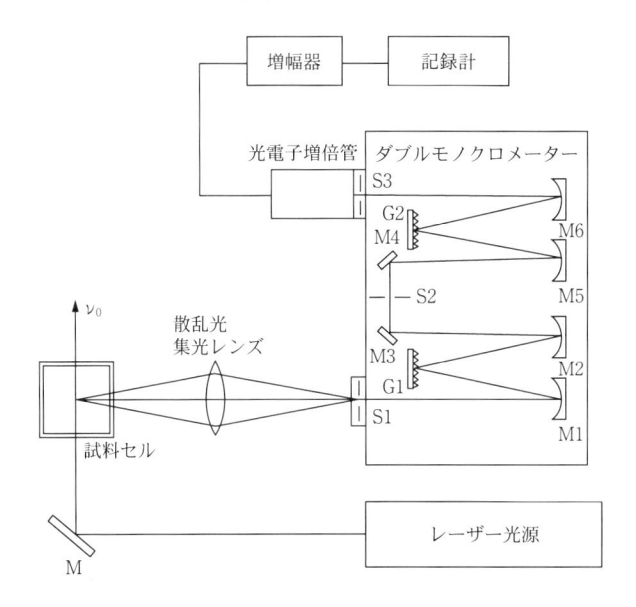

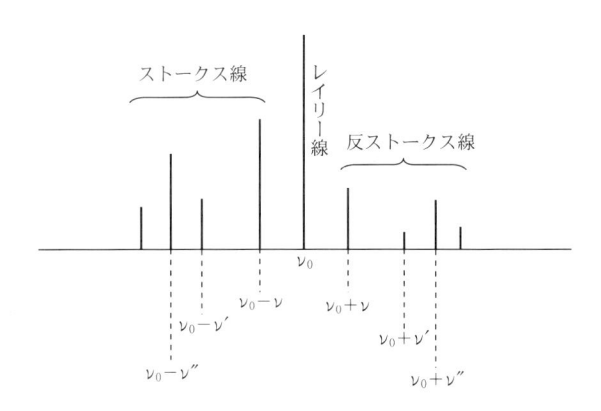

図 2.28 レーザーラマン分光計の概略とラマン散乱
M：ミラー　S：スリット　G：回折格子

ていないので，スペクトル測定は通常，ストークス線を対象にし，入射光より低振動数側の領域にかけて行われる．ここで，観測されたストークスピークのレイリー線からの差をラマンシフトと呼び，通常はこのラマンシフトを横軸にとってスペクトルを表示する．

ラマン散乱は，分子振動により分極率 α の変化が起こるような場合に起きる．このような振動を，ラマン活性という．赤外吸収が，分子の双極子モーメント μ の変化を伴うものに対してのみ起きるのと対照をなしている．したがって，同一の分子の振動でも，その振動モードによって，赤外，ラマン両方に活性の場合や，一方のみに活性という場合があり，両者を相補的に利用するとよい．たとえば H_2O の3種の基準振動(対称伸縮，逆対称伸縮，変角振動)は，いずれも赤外およびラマン活性であるが，CO_2 の基準振動については，ラマン活性は対称伸縮振動のみである(図 2.23 参照)．

(2) 測定装置

励起用の光源としては，近年ではもっぱらレーザー光が用いられ，レーザーラマン分析(laser raman spectrometry)と呼ばれる．アルゴンイオンレーザーの 488.0 nm，514.5 nm，ヘリウム・ネオンレーザーの 632.8 nm などが用いられる．ラマン散乱光は，レイリー散乱光の 10^{-3} 程度の強度で極めて弱いので，分光器内の迷光による妨害をできるだけ少なくすることが求められる．そのため，分光器を2個直列に並べたダブルモノクロメーターが使われることが多い．検出器には高感度の光電子増倍管が用いられ，また光子を1個ずつ数える光子計数法(photon counting method)も利用される．近年では，マルチチャンネル検出器(multi-channel detector)が開発され，分光器の波長をスイープすることなく極めて短時間にスペクトルが得られるようになった．

(3) 応用

ラマン分光法は，可視光およびその検出装置系を用いながら赤外吸光法と同様な分子振動に関する情報が得られるのが特徴といえる．したがって，赤外吸収法では困難な，水分を多く含んだ試料や水溶液試料そのものの測定も可能である．

2.6 核磁気共鳴吸収(NMR)と電子スピン共鳴吸収(ESR)

磁気共鳴吸収は第二次大戦直後に見出された現象である(電子スピン共鳴(electron spin resonance, ESR)：1945年，核磁気共鳴 (nuclear magnetic resonance, NMR)：1946年)．戦時中のレーダーの研究がこの発見につながったといえる．当初は純粋に理学的な研究対象であったが，程なくその有用性が認識され，化学を含む多くの分野で利用されるようになった．その間，NMRもESRも，次々と新しい手法上の展開を見せ，特にNMRは有機化学者にとって欠くことのできない研究手段となった．さらに技術は進んで，NMRイメージング法により非接触で人体内部や脳の断面の映像を見せてくれる程に成長した．本節では，この優れた手法の概要を知り，分析化学にもいかに大きく寄与しているかを見る．

2.6.1 核磁気共鳴(NMR)

多くの原子核は核スピン I を持ち，それに比例した大きさの磁気モーメント μ を持つ．I と μ の関係は，

$$\mu = \gamma \frac{h}{2\pi} I \tag{2.12}$$

で与えられる．ここで h はプランク定数，γ は磁気回転比と呼ばれてそれぞれの原子核について固有の値を持つ．核スピン I がゼロの核は，その原子核の陽子と中性子の数が偶数のもので，^{12}C，^{16}O などがそれに当たる．NMRにおける代表的な対象核種である ^{1}H，^{13}C はいずれも $I = 1/2$ である（表2.13）．

磁気モーメント μ を持つ原子核に外部磁場 H_0 がZ軸方向に与えられると，磁気モーメントは外部磁場に対してある角度 θ だけ傾いて，Z軸のまわりを，

$$\omega = \gamma H_0 \tag{2.13}$$

表2.13 核スピン

陽子数	中性子数	核スピン(I)	例
偶	偶	0	^{12}C, ^{16}O
偶	奇	$\frac{1}{2}, \frac{3}{2}, \cdots$	^{13}C, ^{17}O
奇	偶	$\frac{1}{2}, \frac{3}{2}, \cdots$	^{1}H, ^{19}F
奇	奇	$1, 2, \cdots$	^{6}Li, ^{14}N

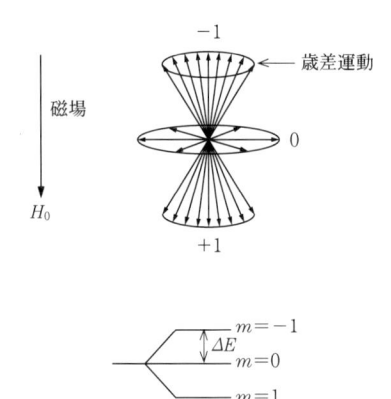

図 2.29 核スピン $I=1$ の場合の ゼーマン分裂

の角周波数で回転する(ラーモア歳差運動)(図 2.29). 振動数を ν とすれば $\omega = 2\pi\nu$ の関係がある. 磁気モーメントの向きは量子化のために, スピン $I = 1/2$ の核では磁場に対して平行(実際はある角をなすが)とその逆方向である反平行の 2 種類しか取り得ない. 同種の核が多数存在する場合も, 個々の核のふるまいは同じであるが, 前者の平行配向の方が後者の反平行配向より安定なので, その状態を占める数がわずかに多くなっている.

核スピン I が 1/2 より大きい場合は, 磁気量子数 $m(m = I, I-1, \cdots, -I+1, -I)$ の値に従って $(2I+1)$ 通りの可能な配向を持つ. 一般に, このように核スピン I を持つ原子核が磁場の中に置かれて $(2I+1)$ 通りのエネルギー準位に分裂することをゼーマン効果といい, 生じた準位をゼーマン準位という. ゼーマン準位のエネルギー値 E_m は,

$$E_\mathrm{m} = -\mu \cdot H_0 \tag{2.14}$$

$$= -\gamma \frac{h}{2\pi} \cdot m \cdot H_0 \tag{2.15}$$

で与えられる. これらのゼーマン準位は, ボルツマン分布則に従って, 低い準位ほど多数の核が占める状態となっている.

いま, ここに外部から電磁波エネルギー $h\nu$ が加えられ, 吸収によりゼーマン準位間で遷移が起きたとする. 可能な遷移は m の値が 1 だけ変化するものに限られ(隣同士の準位間に限られ), したがって共鳴遷移の条件として $h\nu = \Delta E_\mathrm{m}$ より,

2.6 核磁気共鳴吸収と電子スピン共鳴吸収

$$h\nu = \Delta E_\mathrm{m} = \gamma \frac{h}{2\pi} H_0 \tag{2.16}$$

すなわち

$$\nu = \frac{\gamma H_0}{2\pi} \tag{2.17}$$

が得られる．$\omega = 2\pi\nu$ であるから，これは式(2.13)と同じ形をしている．すなわち，静磁場 H_0 のもとで外部電磁波の振動数 ν を変えていくと，式(2.17)が満足される ν のところで共鳴吸収が起きる．これは，歳差運動の周波数に等しい電磁波(周波数)

$$\nu = \frac{\omega}{2\pi} \tag{2.18}$$

を与えることにより共鳴吸収が起きることを示している．

NMR 装置の概略を図 2.30 に示す．共鳴条件式(2.13)を満たすために，発振コイルの周波数を一定にして磁場をスイープする(順次変える)方式と，磁場を一定にして周波数をスイープする方式とがある．これらの方式はいずれも CW 法(continuous wave method)と呼ばれる．発振コイルによる振動磁場 H_1 (ラジオ波領域，たとえば 100 MHz)を磁場 H_0 に対して垂直に照射し，共鳴吸収によって発生した磁気的変化(H_0 と H_1 に垂直)を受信コイルで検出する．

この他に，最近ではフーリエ変換法(fourier transform method，FT 法)が用いられ，今日ではほぼ主流となっている．この方式は，ラジオ波を短いパル

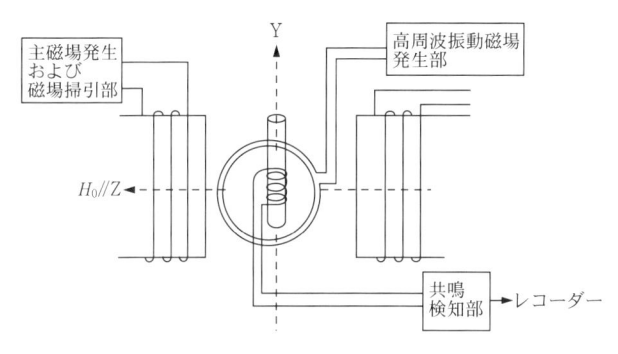

図 2.30　NMR 装置の概略

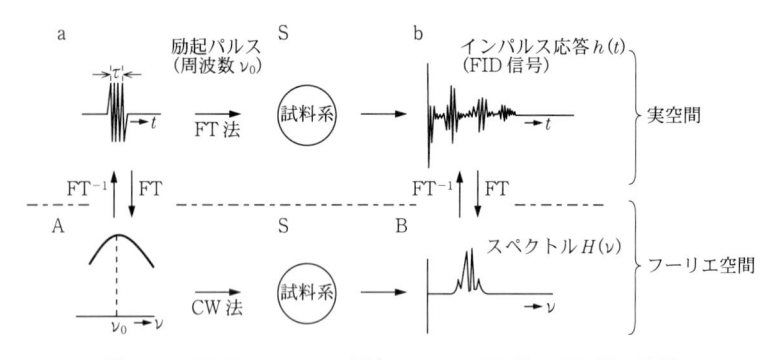

図2.31 NMRスペクトル測定におけるFT法とCW法の比較

ス(パルス幅 〜数十 μs)として試料に照射し，これに対する試料からの応答信号をコンピュータ処理によりフーリエ変換してNMRスペクトルを得るものである．図2.31は，この方法の概要をCW法と対比して示したものである．周波数 ν_0，時間幅 τ のラジオ波パルスは，近似的に $\nu_0 \pm 1/\tau$ で与えられる範囲内の周波数成分を含んでいる．したがって，τ が充分短かつ強度の大きいパルスを試料に照射してやれば，試料中のすべてのプロトンは一斉に共鳴吸収を起こす．その結果，出力信号($h(t)$，インパルス応答)として観測されるものは，これらの共鳴が相互に干渉し合った複雑なパターンを持つものとなる．これはFID信号(free induction decay，自由誘導減衰)とも呼ばれる．このFID信号の中には，試料の共鳴吸収に関するすべての情報が含まれている．しかし，このように共鳴信号が時間軸上に並んだものは人間の目には理解しがたいので，これを周波数 ν の関数として配列し直してやる必要がある．それを行うのがフーリエ変換である．実際には，まずFID信号を多数回積算してSN比を充分向上させてから，フーリエ変換の操作を実行する．$h(t)$ から $H(\nu)$ へのフーリエ変換(FT)は

$$H(\nu) = \int_{-\infty}^{\infty} h(t) e^{-i2\pi\nu t} \, dt \qquad (2.19)$$

で与えられ，逆に $H(\nu)$ から $h(t)$ へのフーリエ逆変換(FT^{-1})は，

2.6 核磁気共鳴吸収と電子スピン共鳴吸収

$$h(t) = \int_{-\infty}^{\infty} H(\nu) e^{i2\pi\nu t} d\nu \tag{2.20}$$

で与えられる．$h(t)$ と $H(\nu)$ はフーリエ変換対をなしている．こうして得られた $H(\nu)$ が NMR スペクトルと呼ばれるものに相当する．

FID 信号 $h(t)$ とスペクトル $H(\nu)$ とは信号の呈示の仕方が異なるだけであり，内容的には等価なものである．すなわち，FT 法では，図 2.31 において a→S→b→B の経路で NMR スペクトルを求めているのに対し，CW 法では A→S→B の経路でスペクトルを求めている，という違いがある．

ちなみに，a のパルスと A の周波数強度スペクトルとは互いにフーリエ変換の関係になっている．

化学シフト

分子中のプロトン核は，軌道運動している電子によって囲まれている．これに外部磁場 H_0 が作用すると，核のまわりの電子は外部磁場に逆らうように誘導電流と誘導磁場を発生する．これが核の位置において外部磁場と逆向きの小さな磁場として作用し，したがって，核の感じる正味の磁場は外部磁場よりやや小さくなる(図 2.32)．つまり，外部磁場が電子雲によって部分的に遮蔽されるわけで，反磁性遮蔽と呼ばれる．有機試料中のプロトンのように，同じプロトンでも分子中の結合位置が異なると，電子的環境も異なるために反磁性遮蔽の程度に差異が生じ，したがって共鳴吸収が起こるのに必要な外部磁場の強さも異なってくる．これを化学シフト(chemical shift)という(図 2.33(a))．化学シフトの大きさは，^{1}H-NMR(プロトン NMR)においては，H_0 の大きさに対して ppm (百万分の一)単位で表せる程度である．通常は標準物質としての Si$(CH_3)_4$(テトラメチルシラン，TMS)の共鳴位置を基準に取り(こ

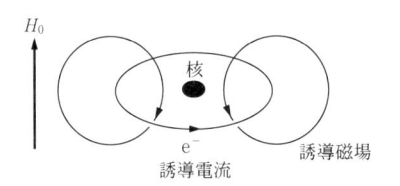

図 2.32 主磁場 H_0 が加えられることにより，誘導電流と誘導磁場が発生する．

こを $\delta = 0$ とする），これより低磁場方向への化学シフトを ppm 単位で表し，これを δ 値と呼ぶ．TMS 中のメチルプロトンは，たいがいの有機試料中のプロトンより強く遮蔽されており，したがって，その共鳴磁場の値 $H(\text{TMS})$ は通常のプロトンの共鳴磁場よりも大きい．したがって δ 値は，次のように定義される．

$$\delta = \frac{H(\text{TMS}) - H(\text{試料})}{H(\text{TMS})} \times 10^6$$

(2.21)

ここで，$H(\text{TMS})$，$H(\text{試料})$ はそれぞれ TMS，試料の共鳴磁場である．

スピン-スピンカップリング

分子中で同じ環境にあるプロトンは，通常1本の吸収線として観測される．しかし，相互に影響し合うような別のプロトンが近くにあると，磁気的な相互作用をおよぼし合う．これをスピン-スピンカップリング(spin-spin coupling)という．スペクトルの上では，相手のプロトンの数に応じて吸収ピークが多重線に分裂(split)して観測される．

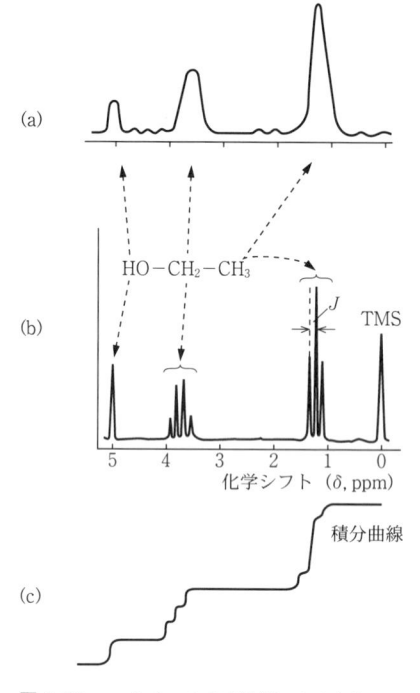

図 2.33 エタノールの NMR スペクトル (a)分解能は悪い(初期の NMR)が，化学シフトは観測される (b)スピン-スピン分裂が観測される (c)積分曲線を記録すると，プロトンの相対濃度がわかる

一例として，エタノールの中のメチル基のプロトン(3つ)と隣りのメチレン基のプロトン(2つ)の相互作用を考えよう(図2.33(b))．メチル基は C-C 結合軸のまわりに自由に回転しているので，3つのプロトンは幾何学的に等価な環境にあり，本来はただ1つのピークを与えるはずである．しかし，C-C 結

合を隔てた隣に2つのメチレン基のプロトンが存在するため，この影響により3本に分裂する．この理由は次のように説明される．いま，メチレン基の2つのプロトンスピンの状態をそれぞれ↑(スピンの向きが外部磁場 H_0 と平行)および↓(スピン逆平行)で表すことにすれば，2つのプロトンスピンの組み合わせとして↑↑，↑↓，↓↓の3通りの場合があり，これが3通りの小さい局所磁場として，隣のメチレン基に対して H_0 にさらに重畳して加わることになる．すなわち，↑↑は H_0 に加勢し，↓↓は H_0 に対して逆向きに加勢し，↑↓は H_0 の大きさに変化を与えない．ただし，↑↓と↓↑の2つの状態があるので，分裂した3本線は1：2：1の強度比を持っている．同様の理由により，メチレンプロトンは隣の3個のメチルプロトンの影響により4本に分裂する．強度比は，1：3：3：1である．一般に，隣接するプロトン数が n の場合，$(n+1)$ 本に分裂する．ピークの分裂の間隔 J(単位は Hz)は相互作用の大きさを表しており，カップリング定数と呼ばれる．エタノールにおけるメチルプロトンおよびメチレンプロトン間のカップリング定数はすべて同じなので(7.6 Hz)，分裂ピークの形は単純な形をしているといえる．このようにシグナルの分裂の様子から分子中の各プロトンの位置関係を知ることができる．すなわち，NMR スペクトルの化学シフトとスピン-スピンカップリングの様子を調べることにより，化合物の分子構造の推定を行うことが可能である．

高分解能固体 NMR

NMR で固体の試料を測定する場合，一般にスペクトルは幅広いものとなり，分解能が大変低くなるという困難に直面する．この原因は主に2つある．1つは核スピン間の直接的な磁気双極子相互作用によるものであり，他の1つは化学シフトの異方性によるものである．まず前者の磁気的相互作用について考

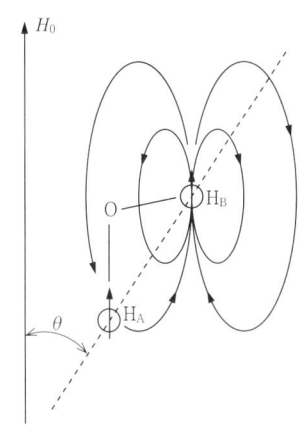

図 2.34 プロトン核 H_B がプロトン核 H_A に局所磁場を及ぼす

えよう．

いま仮に2つの水素核の相互作用に着目する．これは，たとえば，結晶水のNMRを測定する場合などが挙げられる．1つの水分子中の水素核(プロトン) H_A と H_B が図2.34のような状態にあるものとする．ここで2つのプロトンを結ぶ線が，主磁場 H_0 と θ だけ傾いているものとする．プロトン H_A は主磁場 H_0 の他に，近隣のプロトン H_B からも局所的な磁場 ΔH を受けており，その大きさは量子論的考察により，

$$\Delta H = \frac{3\mu}{r^3}(3\cos^2\theta - 1) \quad (2.22)$$

と与えられる．

ここで r は2つのプロトンを結ぶ距離，μ はプロトンの持つ磁気モーメントである．ところで，プロトン H_A は同一水分子中のプロトン H_B の影響のみならず近隣の他のプロトンからも式(2.22)と同様な磁場の影響を受けている．すなわち，H_A に影響をおよぼす他のプロトンの存在場所に応じて，いろいろな r 値および θ 値による影響を受けている．したがって，プロトン H_A は主磁場 H_0 以外に多数の局所磁場を感じているので，共鳴磁場が H_0 を中心にある範囲の広がりを持ち，幅広い吸収スペクトルを与えることになる．これを双極子相互作用による線幅の広がり(dipolar broadening)という．この広がりの大きさは，代表的な例では 10^4 Hz 程度で，いわゆるガウス分布型(ベル型)の線形を与える．このような線幅を減少させる方法として，マジック角回転(magic angle spinning, MAS)が使われる．マジック角とは $3\cos^2\theta - 1 = 0$ となるような角度 $\theta = 54.74°$ で，この角度を持つ軸のまわりに試料を高速回転しながら測定を行う．これにより，線幅の広がりによる寄与が消えるのである．それは次のように考えられる．

プロトン H_A に影響をおよぼす他の多くの(H_B 以外の)プロトンの代表として，プロトン H_C (他の水分子中のプロトン)を考えよう．H_A と H_C を結ぶ軸は主磁場 H_0 と $\phi(\neq \theta)$ の角度をなしている(図2.35)．回転により軸 H_A—H_C はマジック角 θ の軸のまわりに回転するが，高速回転による時間平均では，H_A

2.6 核磁気共鳴吸収と電子スピン共鳴吸収

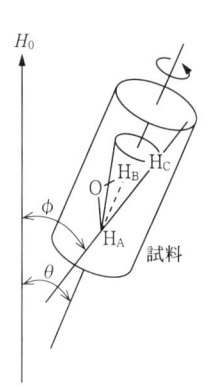

図2.35 試料をマジック角 θ のまわりに高速回転する軸 H_A―H_C(主磁場 H_0 に対し角 ϕ だけ傾いているとする)は，回転平均により軸 H_A―H_B 方向に一致する．

―H_C 軸は H_A―H_B 軸に一致することになり，すなわち H_C プロトンによる影響は，結果として H_C が H_A―H_B 軸上に存在しているのと同じ効果になり，これにより，線幅の広がりによる効果は消えて 0 になる．

さて，もう一つの広幅化の原因は，化学シフトの異方性である．これもプロトン H_A の位置に，他のプロトンが局所磁場効果を与えるために発生するものである．しかし幸いなことに，これによる寄与も $3\cos^2\theta - 1$ の依存性を有しており，したがってマジック角回転によって，その寄与がゼロになるのである．

以上は，プロトン核を測定する場合であるが，^{13}C 核のような希薄な核(天然存在比 1.1％)を対象とする場合も一般的に用いられている．ただし，このときはさらに別の手立ても必要となる．

すなわち有機物試料を対象とする場合，^{13}C に大きな影響をおよぼすのは ^1H であり，この ^1H による強い双極子相互作用と化学シフトの異方性の結果，^{13}C-NMR 測定においても極めて広い線幅への寄与が発生する．この消去のために ^1H に強い高周波磁場を照射し，^1H 核の磁気モーメントを高速回転させて時間平均としての局所磁場をゼロに平均化させる必要がある．これをハイパワーデカップリングという．加えて，もともと ^{13}C 核の SN 比が低い上に，固体ではさらに ^{13}C の緩和時間 T_1 が極めて長く，実用的な測定ができにくいという問題がある．この問題解決のために交差分極(cross polarization, CP)と

いう手法が用いられる．これは，特殊な条件を満たす高周波磁場を ^{13}C にも照射することにより C-H 間双極子相互作用を通じて両スピン間のエネルギー交換を可能にしてやり，結果として，^{13}C の信号強度を大きく(4 倍程度)する手法である．

結局 ^{13}C 核の高分解能固体 NMR 測定のためには，MAS，ハイパワーデカップリング，そして CP の手法を組み合わせて測定を行っている．この手法は CP-MAS 法と呼ばれている．

2.6.2 電子スピン共鳴(ESR)

電子は磁気モーメントを持っている．すなわち，電子はミクロな磁石である．これは，電子が自転し，かつ原子核のまわりに軌道運動しているというモデルにより理解することができる(図 2.36)．自転運動はスピン角運動量 S，軌道運動は軌道角運動量 L で表され，それぞれに由来する磁気モーメント μ_S，μ_L は，次式で与えられることが知られている．

$$\mu_S = -g_e\left(\frac{e\hbar}{2mc}\right)S = -g_e\mu_B S = \gamma_e\hbar S \tag{2.23}$$

$$\mu_L = -g_e\left(\frac{e\hbar}{m}\right)L \tag{2.24}$$

ただし，

$$\mu_B = \frac{e\hbar}{2mc} = 9.2740 \times 10^{-24} \text{ J/T}$$

ここで m は電子の質量，e は電荷，c は光速度，$\hbar = h/2\pi = 1.0546 \times 10^{-34}$ J s，h はプランク定数である．g_e は自由電子の g 値と呼ばれる量で，

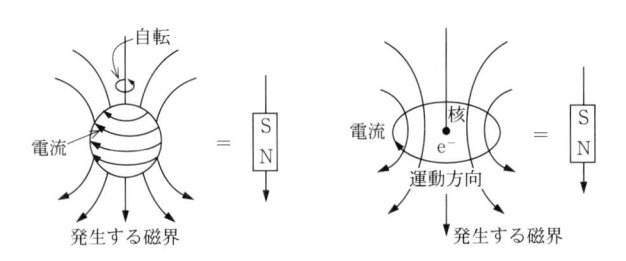

図 2.36 電子の作るミクロな磁石

2.6 核磁気共鳴吸収と電子スピン共鳴吸収

$g_e = 2.0023$ である．μ_B はボーア磁子と呼ばれ，電子の磁気モーメントの単位である．

簡単のため，軌道角運動による磁気モーメントはなく（$\mu_L = 0$ すなわち $L = 0$），スピン角運動量による磁気モーメントのみ存在していると仮定して考えよう．電子が原子や分子の軌道に収容されるとき，スピンの向きが互いに反平行の対を形成すれば，反磁性(diamagnetic)となって ESR の測定にはかからない．一方，電子が不対電子(unpaired electron)として単独に存在している場合や，いわゆる三重項状態のように平行な対を形成しているような場合は，常磁性(paramagnetic)となって ESR の測定にかかる．磁気モーメント μ_S が外部磁場 H_0 の中に置かれると，核磁気の場合と同様に，ゼーマン効果によるエネルギー準位の分裂が起こる．μ_S と H_0 との相互作用によるポテンシャルエネルギー W は，

$$W = -\mu_S \cdot H_0 = g_e \mu_B S_z H_0 \tag{2.25}$$

で与えられる．S_z はスピン角運動量 S の H_0 方向の成分である．電子 1 個の場合，$S = 1/2$ であるから，$S_z = \pm 1/2$ に対応する 2 つの状態が許される．

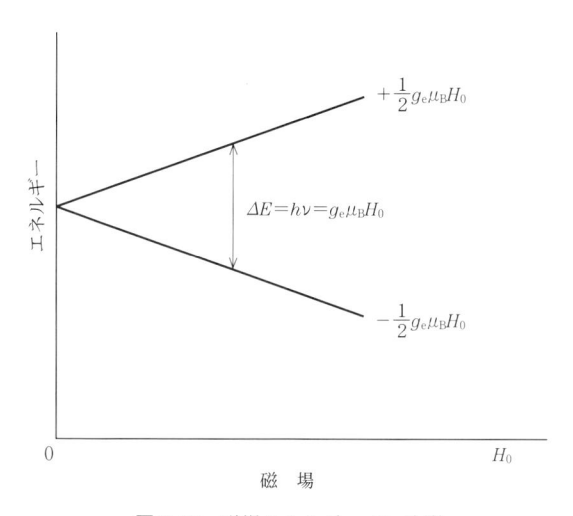

図 2.37 磁場によるゼーマン分裂

すなわち 2 つのゼーマン準位が生じる．これらの準位のエネルギーはそれぞれ $\pm (1/2) g_e \mu_B H_0$ で与えられ，その準位差 ΔE は，

$$\Delta E = \frac{1}{2} g_e \mu_B H_0 - \left(-\frac{1}{2} g_e \mu_B H_0\right) = g_e \mu_B H_0 \quad (2.26)$$

となる(図 2.37)．すなわちエネルギー間隔 ΔE は H_0 に比例して大きくなる．ここで ΔE に相当する振動数の電磁波 $h\nu$ が加えられると，共鳴的に吸収が起こる．すなわち，共鳴条件の一般式としては，

$$h\nu = g\mu_B H \quad (2.27)$$

と表される．g は分子中の電子の g 値で，自由電子の g_e とは異なっている．H は共鳴吸収が現れる磁場の強さである．いま，仮に $H = 0.3\,\text{T}$ (3000 ガウス)としたときの共鳴周波数を求めると，

$$\nu = \frac{g\mu_B H}{h} = \frac{egH}{4\pi mc} = 8.4 \times 10^9\,\text{Hz} = 8.4\,\text{GHz} \quad (2.28)$$

となる．すなわち，磁場を固定して周波数を変化させて行くと，8.4 GHz のところで共鳴吸収が起きる．この周波数は波長にして $\lambda = c/\nu \approx 3.6\,\text{cm}$ で，X バンドと呼ばれるマイクロ波領域に属する．逆に照射する周波数を 8.4 GHz に固定して磁場をスイープすれば，0.3 T のところで共鳴吸収が起きる．

ESR の測定システムを図 2.38 に示す．発振器にはクライストロン

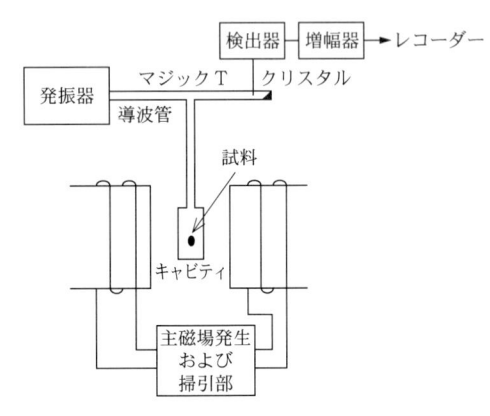

図 2.38 ESR 装置の概略

(klystron，真空管)またはガンダイオード(Gunn diode，半導体)が用いられる．マイクロ波は，導波管(中空の管)を通って空洞共振器(キャビティ)の中に置いた試料に照射される．試料がマイクロ波を共鳴吸収すると，キャビティ内のマイクロ波にずれが生じ，これが検波部のクリスタル検出器で検出され，電流変化としてとらえられる．これを増幅し，オシロスコープやレコーダー上に表示する．信号は微弱なので，一般には補助コイルを用いて 100 kHz 程度の磁場変調を行って，微分型のスペクトルとして記録する．

応用

ESR の測定対象となるものは不対電子を持つ物質であり，次のような化学種かあるいはそれらを含む物質である．

（ⅰ）常磁性イオン

Ti^{3+}，Mn^{2+}，Cu^{2+}，VO^{2+} など遷移金属イオンの多くがこれに当たる．

（ⅱ）常磁性分子

三重項状態を持つ O_2，奇数電子を持つ NO，NO_2 などがある．

（ⅲ）遊離基(free radical)

有機化合物の反応や分解の反応中間体として各種多数存在する．放射線照射により化学結合が切断され，そこに不対電子が生じる例も多い．

$C(C_6H_5)_3$　(triphenyl methyl)

$C_{10}H_8^-$　(naphthalene negative ion)，・OH　など

（ⅳ）伝導電子

金属，半導体などにみられる．

（ⅴ）格子欠陥

固体中の格子配列が乱れたところに不対電子が生じる．カラーセンターなどがこれに当たる．

これらの不対電子は，物質中において周囲といろいろな相互作用をしており，それらが ESR スペクトルに反映される．ESR に関わる重要な相互作用と

して次のものがある．

 (ⅰ) ゼーマン相互作用

主磁場との相互作用で基本的なものである．

 (ⅱ) 結晶場相互作用

不対電子は，周囲のイオンあるいは配位子などによる静電場効果によりエネルギー準位の分裂が生じ，スペクトルに大きく影響をおよぼす．

 (ⅲ) スピン-軌道相互作用

同一の電子でも，μ_S と μ_L が磁気的に相互作用する．この効果がスペクトル上に現れているとき，これを微細構造(fine structure, fs)という．

 (ⅳ) 超微細相互作用

電子スペクトルが，核スピンと磁気的に相互作用してスペクトル分裂が生じる．これを超微細構造(hyperfine structure, hfs)という．

 (ⅴ) スピン-スピン相互作用

電子スピン同士が相互作用してスペクトル上に変化をおよぼす(表2.14)．

このようにESRスペクトルにはいろいろな相互作用による効果が影響をおよぼすので，その解析は，NMRの場合と比較するとやや複雑な面がある．しかしながら，金属イオンの場合はその核スピンの値に応じた特徴的なhfsを示してくれるので，定性分析などに有利ともいえる．

表2.14 スピン-スピン相互作用による ^{1}H-NMRシグナルの分裂

隣接した炭素に結合したHの数	ピーク数	面積比
0	1	1
1	2	1:1
2	3	1:2:1
3	4	1:3:3:1

2.7 X線分析

物質にX線(一次X線)を照射すると,X線は物質により吸収や散乱を受け,それによるいろいろな現象が観測される(図2.39).二次X線や光電子の放出,熱の発生,その他である.これらは,物質に含まれる元素や物質の結晶構造を反映しているので,その物質の分析・評価に利用できる.散乱の中で,トムソン散乱(Thomson scattering)と呼ばれるものは,入射X線により電子が強制振動を受け,もとのX線と同じ振動数のX線が周囲に放射されるものである[*].

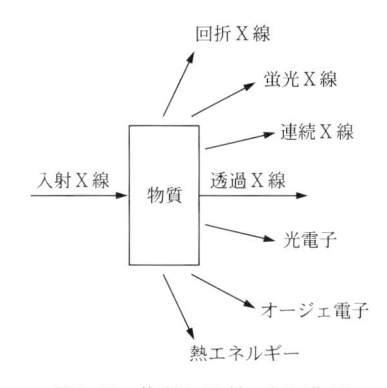

図2.39 物質とX線の相互作用

結晶性の物質からこのようにして発生したX線は互いに干渉し合い,いわゆる回折(diffraction)現象を起こす.回折X線は特定の方向に特定の強度を持って出射し,それは物質の結晶構造に特有なものなので,これを解析することにより,その物質の結晶構造に関する情報を得ることができる.このような分析法は,X線回折分析と呼ばれる.

一方,二次X線の中に蛍光X線(fluorescent X-ray)と呼ばれるものがあり,これは物質内に含まれる元素に特有な波長のX線が放出される.これを利用することにより,含有元素の定性・定量を行うことができる.この方法を蛍光X線分析という.

以上の2つがX線分析法の代表的なものである.この他にも,X線の吸収現象を利用するX線吸収分析,あるいは,X線照射により光電効果でたたき出された電子の運動エネルギーを分析する光電子分光法,オージェ電子分光法などがあり,分析に広く利用されるようになってきている.本節では,X線回折分析と蛍光X線分析の2つを取り扱う.

---

[*] 他にコンプトン散乱(Compton scattering)がある.これは入射X線より振動数の低い成分が含まれる.

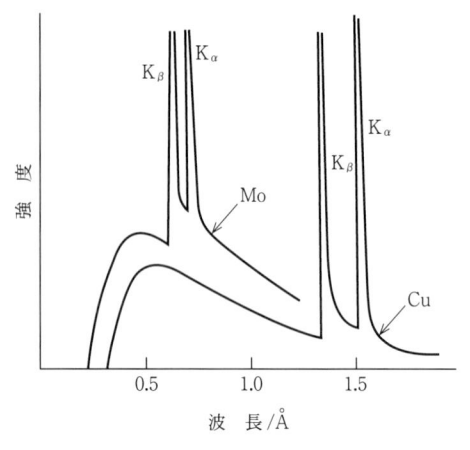

図 2.40　X線スペクトル

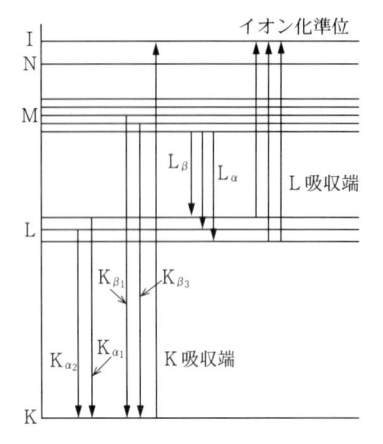

図 2.41　軌道エネルギー準位と固有X線スペクトル

2.7.1　原理

X線の発生

フィラメント(陰極)を加熱して熱電子を放出させ，これをターゲットと呼ばれる金属板に衝突させるとそこからX線が発生する．ターゲットはフィラメントに対して高い正の電圧がかけられ(通常 数十kV程度)，熱電子はこれにより加速されてターゲットに衝突する．発生するX線のスペクトルは一般に図2.40のような形をしており，幅広い連続X線(continuous X-rays)と何本かの鋭い固有X線(characteristic X-rays)からなる．固有X線はターゲットに用いられている金属に固有の波長を持っている．これは加速された電子が金属の内殻軌道の電子をたたき出し，このとき生成した空位をうめるべく外殻軌道から電子が遷移し(図2.41)，その結果，両軌道のエネルギー

2.7 X線分析

表 2.15　よく使用される固有 X 線波長

ターゲット	K_{α_1}(Å)	K_{α_2}(Å)	K_α(Å)*	K_{β_1}(Å)	K 吸収端(Å)
Ag	0.55941	0.56380	0.56084	0.49707	0.4859
Mo	0.70930	0.71359	0.71073	0.63229	0.6198
Cu	1.54056	1.54439	1.54184	1.39222	1.3806
Ni	1.65791	1.66175	1.65919	1.50014	1.4881
Co	1.78897	1.79285	1.79026	1.62079	1.6082
Fe	1.93604	1.93998	1.93735	1.75661	1.7435
Cr	2.28970	2.29361	2.29100	2.08487	2.0702

* K_{α_1} と K_{α_2} を特に区別しない場合，平均値 $K_\alpha = (2K_{\alpha_1} + K_{\alpha_2})/3$ が利用される．

差に相当する X 線が発生する．これらの遷移に関係する K 殻，L 殻，M 殻…などのエネルギーは金属により固有の値を持っているために，発生する X 線の波長も金属に固有となる．このような金属の原子番号と波長との関係は Moseley により見出され，

$$\nu = \frac{c}{\lambda} = a(Z - \sigma)^2 \tag{2.29}$$

で与えられる．ここで λ は X 線の波長，Z は原子番号，ν は波数，c は光速，σ は K 殻，L 殻ごとに定まる定数である．a は比例定数である．表 2.15 に，代表的な固有 X 線の波長を示す．

連続 X 線は，ターゲットに衝突した電子がターゲット物質により減速され，熱エネルギーと X 線に変化した結果生じたものである．熱エネルギーとして失われたエネルギーは連続的な値をとるので，発生する X 線のエネルギーも各種の値をとり，連続した波長分布となる．連続 X 線の最短波長 $\lambda_{\min}$ は，衝突した電子の全エネルギー ($E = eV$) が X 線に変化した場合に相当しており，

$$eV = h\nu = h\frac{c}{\lambda_{\min}} \tag{2.30}$$

すなわち，

$$\lambda_{\min} = \frac{hc}{eV} = \frac{12400}{V} \quad (\text{Å}) \tag{2.31}$$

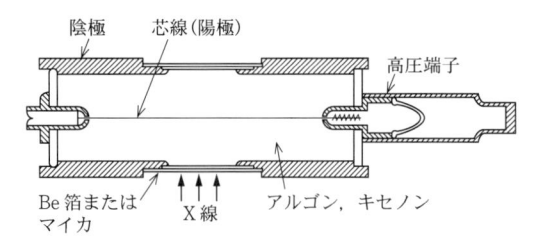

図 2.42 封入型比例計数管

の関係で与えられる．ここで V は印加電圧 (volt)，h はプランク定数，e は電子の電荷である．この式からわかるように，$\lambda_{\min}$ は印加電圧 V のみに依存し，ターゲットの元素には無関係である．

X線の検出には，比例計数管 (proportional counter)，シンチレーション計数管 (scintillation counter)，半導体検出器 (solid state detector, SSD) などが用いられる．比例計数管 (図 2.42) は，金属の円筒と，その中心軸に張られた金属ワイヤーとからなり，円筒内部にアルゴンなどの不活性気体が封入されている．金属ワイヤーは円筒に対して正の高電圧が印加されている．円筒内部にX線が入射するとそれにより内部の気体が電離し，電子と陽イオンが生成する．電子は陽極に，陽イオンは陰極に引き寄せられ，外部回路に電流が発生する．この電流により抵抗の両端に発生した電位差を測定することによりX線強度を求める．

シンチレーション計数管は，ヨウ化ナトリウム (NaI) に少量のヨウ化タリウム (TlI) を添加して得られる結晶をX線に対する蛍光性物質として利用する検出器である．発生した微弱蛍光を光電子増倍管に導いて増幅し，計数する．比例計数管よりも感度が高いという特徴を持つ．

半導体検出器 (SSD) は，シリコンの結晶にリチウム Li を添加して得られる半導体を検出器に用いる．X線の入射により電子と正孔が発生し，電子は陽極に，正孔は陰極に移動し，電流パルスが発生する．生じた電流パルスを数えることによりX線の強度を測定する．SSD も感度が高いという特徴を持ち，かつ波高分析器 (pulse hight analyzer) と組み合わせて，入射X線を高いエネ

ルギー分解能で測定できる利点がある．ただし，添加したリチウムが温度により結晶中を拡散して，半導体としての正常な機能を失うことがないように，検出器を常に液体窒素で冷却しなければならないという欠点がある．

2.7.2　X線粉末回折法

結晶に，ある振動数のX線が当たると，結晶中の各原子の電子はX線の電磁波により強制振動させられ，その結果，各原子は入射X線と同じ振動数のX線を放出する（トムソン散乱）．結晶中では多数の原子が三次元的に規則正しく配列しているので，これらの原子から放出されたX線は，互いに干渉し，特定の方向では強め合い，あるいは弱め合うなどして，回折現象を示す．すなわち，結晶を中心としてそこから特定の複数の方向にX線が出射して行く．ブラッグ（Bragg）の式，

$$2d \sin \theta = n\lambda \quad (n = 1, 2, 3, \cdots) \tag{2.32}$$

は，以上のことを視覚的方法により簡単な式として表現したものである（図2.43）．ここで d は結晶中の原子の面間隔，λ は入射X線の波長，θ はブラッグ角（入射X線の結晶面となす角），n は回折の次数である．この式は，2本のX線の行路差（$CB + BD = 2d \sin \theta$）が，X線の波長 λ の整数倍に等しいときにX線は強め合い，角度 θ の特定の方向に出射して行くことを示したものである．あたかも，X線が結晶面（格子面）により反射していくようにイメージできるところが，ブラッグの式のなじみやすい点であるといえよう．ただし反

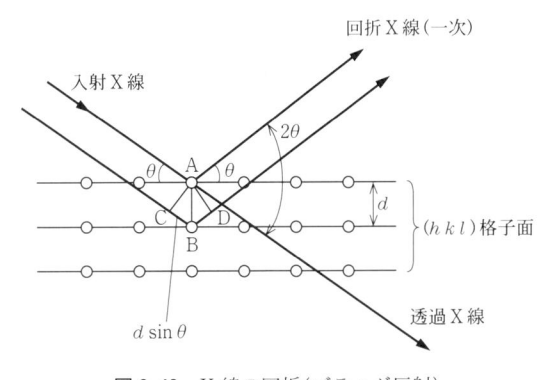

図2.43　X線の回折（ブラッグ反射）

射といっても，任意の角でなく，前記の式で規定された特定の方向にのみ反射することになる．

　試料が1つの単結晶であると，観測される回折線はブラッグの式を満足する特定の格子面からのものとなる．したがって，いろいろな格子面からの回折線を観測するには結晶を動かすなどの工夫をする必要がある．単結晶を用いる結晶構造解析では実際にこのようなことを行っている．一方，ここで扱うX線粉末回折法では，非常に小さい結晶がたくさん集まった粉末試料を用いる．この場合，結晶粒子の数が充分多いので，ブラッグの回折条件を満足する格子面は任意の向きに存在することになり，結晶を動かすことなく特定の面間隔 d に対して，ブラッグ角 θ のすべての格子面についての回折線を得ることがで

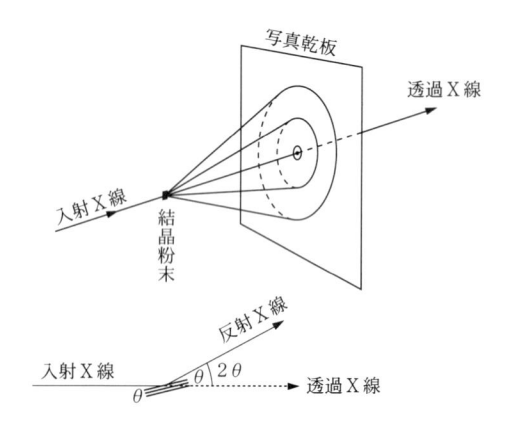

図 2.44　結晶粉末による回折 X 線の放射

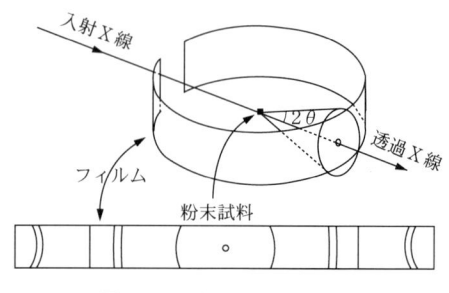

図 2.45　デバイ-シェラー法

2.7 X線分析

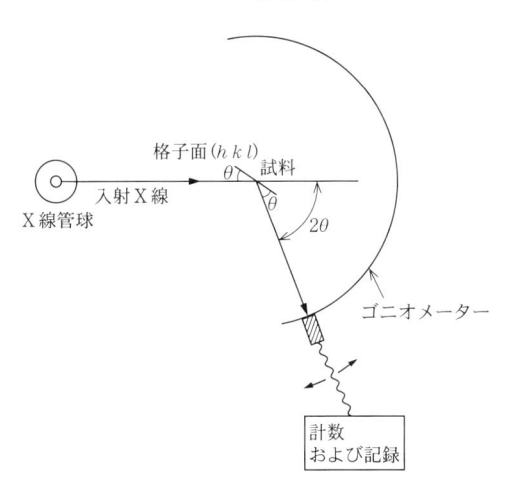

図2.46 粉末回折法の原理

きる．すなわち粉末試料を用いた場合は，回折X線は1本の線としてでなく，図2.44のように試料から円錐状にX線が放射して行くことが導かれる．したがって，図2.45のように細長いX線フィルムを置けば，回折X線は入射X線の位置を中心とする同心円の線となって観測され，フィルム上での回折縞の位置から回折角を，縞の黒化度から回折X線の強度を知ることができる(デバイ-シェラー法)．X線フィルムを用いる代わりに，X線検出器をフィルムの位置に相当する所に置き，フィルム面に沿って検出器を移動させ，回折X線の位置と強度を読み取ることもできる(図2.46)．今日では，ゴニオメーター(goniometer)を用いて回折角を測定する方法が一般的であり，粉末X線回折計として市販されている．

　回折計により得られるスペクトルの例を図2.47に示す．これをX線回折図(X-ray diffraction pattern)という．ここで横軸の角度は2θ値に対応している．かつ，この2θ値はブラッグの関係式より格子面間隔d値に対応付けられる．縦軸は回折強度である．各ピークはそれぞれ回折に関わった格子面からの反射であり，その格子面に対応するミラー指数(2.7.4項参照)が付けられる．このような回折強度データが(格子定数やそれ以外のデータも含めて)数多くの化合物について集められ，データ集として報告されている．体系的なものとし

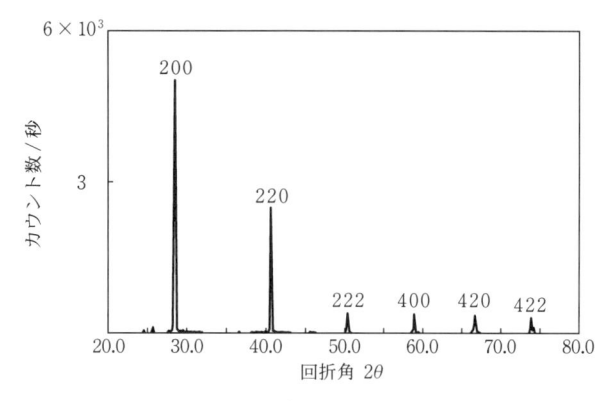

図 2.47　KCl 粉末の X 線回折パターン

41-1476					★			
KCl			d Å	Int	hkl	d Å	Int	hkl
Potassium Chloride		Sylvite, syn	3.633	1	111			
			3.146	100	200			
			2.2251	37	220			
Rad. CuKα₁　λ 1.54056　Filter Mono.　d-sp Diff.			1.8972	<1	311			
Cut off 15.0　Int. Diffractometer　I/I_cor.			**1.8169**	10	222			
Ref. Welton, J., McCarthy, G., North Dakota State University, Fargo, North Dakota, USA, *JCPDS Grant-in-Aid Report*, (1989)			1.5730	5	400			
			1.4071	9	420			
			1.2839	5	422			
Sys. Cubic　　　　　　　　　S.G. Fm3m (225)			1.1121	1	440			
a 6.2917(3)　b　　　c　　　A　　　C			1.0485	2	600			
α　　　　β　　　　γ　　　Z 4　mp 790 C			0.9948	2	620			
Ref. Copper, M., Rouse, K., *Acta Crystallogr., Sec. A*, 29 514 (1973)			0.9485	1	622			
D_x 1.99　　D_m 1.99　　SS/FOM F₁₅=88(.009,20)			0.9081	<1	444			
			0.8725	1	640			
εα　　　　nωβ 1.4904　　εγ　　　Sign 2V			0.8408	1	642			
Ref. Winchell, A., Winchell, H., *Microscopic Character of Artificial Inorg. Solid Sub.*, 15 (1964)								
Color White								
Peak height intensities. Sample from Mallinckrodt. Lot analysis showed sample as 99.9+ % pure. Sample recrystallized from 50/50 ethanol water solvent system and heated at 600 C for 72 hours. Merck Index, 8th Ed., p. 853. σ(I_obs) = ± 0.07. Halite group, halite subgroup. Silicon used as internal standard. PSC: cF8. To replace 4-587, and validated by calculated patterns 26-920 and 26-921.								

図 2.48　JCPDS カードの例

て広く知られているものは JCPDS*(ASTM)** カードと呼ばれるもので，無機および有機化合物の回折データが網羅的に記載されている．このカードの KCl についての記載例を図 2.48 に示す．回折 X 線による未知物質の同定には，その物質の回折強度データと，既知物質のそれとを比較参照することによ

---
*　　Joint Committee on Powder Diffraction Standards
**　American Society for Testing and Materials

り行われる．そのために，上記カード集に関連したいくつかのインデックス本が用意されている．たとえば，回折強度データの最強ピーク3本を手がかりに検索できるハナワルトインデックス(Hanawalt index)や，あるいは化学式，化合物名，鉱物名から検索できるインデックスなどがある．手持ちの未知物質が全くの新物質でない限り，ハナワルトインデックスを利用して，最強ピーク3本のd値と強度をたよりにその物質名や化学式を探り出すことができる．

2.7.3 蛍光X線分析法

試料にX線(一次X線)を照射すると，そこから二次X線が発生する．このうち，試料に含まれる元素に特有な波長を持った二次X線は蛍光X線(fluorescent X-ray)と呼ばれる．蛍光X線はすなわち，含まれる元素の固有X線である．その波長と強度から，定性および定量分析が可能である．蛍光X線の発生の様子を模式的に図2.49に示す．通常の蛍光X線分析では，X線管球から発生する白色X線*を励起光源(一次X線)として利用する．いまこれを試料に照射して，たとえば原子の最内殻のs電子が光電子として原子外にたたき出されたとする．空位になったs軌道準位には，上位のL殻やM殻の電子が遷移して空準位を満たし，その際に，両エネルギー準位差に相当する電磁波(この場合はX線)を放出する．エネルギー準位やその間隔は原子に固有であるから，放出されるX線も原子に固有な波長を持つ．試料がいろいろな元素を含む場合，出てくる特性X線の波長もいろいろなものが混ざり合っている．これを分光して目的元素の特性X線のみ取り出すために，分光結晶(analyzing crystal)を利用する．粉末X線回折の際と同様のゴニオメーター上を検出器が移動すると，各元素ごとの特性X線はそれ

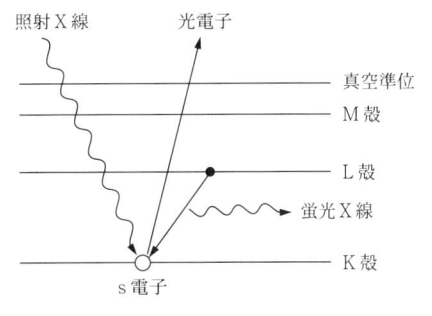

図2.49 蛍光X線の発生

---

* いろいろな波長のX線を含むという意味で，白色X線(white X-ray)と呼ばれる．X線管球から発生する連続X線を指している．

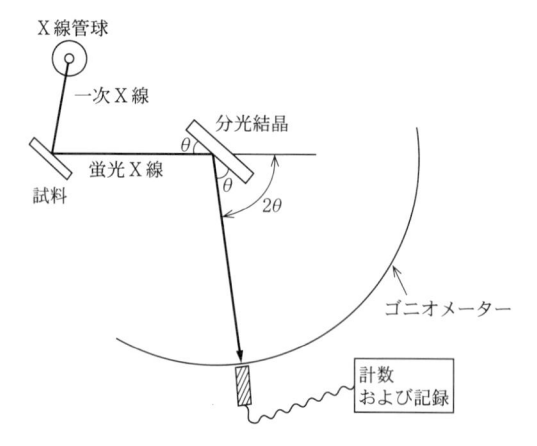

図 2.50 蛍光 X 線分析の原理

表 2.16 主な分光結晶

分光結晶	反射面	$2d$ (Å)
Topaz トパーズ（黄玉）	(1 1 1)	2.71
LiF フッ化リチウム	(2 0 0)	4.03
EDDT エチレンジアミン二酒石酸	(2 0 0)	8.80
ADP リン酸二水素アンモニウム	(1 0 1)	10.65

それぞれ決まった2θ角でブラッグ反射を起こすので，その X 線強度を読み取ればよい（図 2.50）．このような検出方式を，波長分散（wavelength dispersion, WD）方式という．この方式の場合，一般にただ1種類の分光結晶で広い波長範囲の X 線を分光するのは困難なので，検出波長に応じて使用する分光結晶を選択するのが普通である．表 2.16 に，しばしば利用される分光結晶を示してある．

一方，より新しい分光方式として，半導体検出器と波高分析器を用いたエネルギー分散（energy dispersion, ED）方式も利用される．検出器で生じた電気パルスを，波高分析器において波高幅ごとに区分して，X 線エネルギーを分別する方法である．マルチチャンネル（multi-channel）波高分析を用いると，各波高幅ごと（各エネルギーごと）の測定が同時に行えるので，多元素を同時に定

量できる利点があるが，波長分散方式に比べると分解能はやや低い．逆に装置は高価である．

応用

（ⅰ） 定性分析(qualitative analysis)

蛍光X線は元素ごとに波長 λ が定まっているので，使用する分光結晶を決めればそれに付随して d 値が決まり，それよりブラッグの関係式から回折角 2θ も定まる．各種分光結晶について，いろいろな回折角に対応する元素名を記したスペクトル表が用意されているので，これを参照しながら存在元素の同定ができる．混合物中の微量元素の同定や，希土類元素のように他法では分離識別が困難な元素の分析などに有効である．

（ⅱ） 定量分析(quantitative analysis)

蛍光X線のスペクトル線強度は，試料それ自身の影響により変化を受けるので，定量分析では注意が必要である．まず，試料中で発生したX線は，試料表面に達するまでに試料自身により吸収される(吸収効果)．さらに，共存する他元素が発生する蛍光X線によって，目的元素が二次的に励起される(二次励起効果)ことがある．このために同量の元素でも，共存元素の違いにより，X線の絶対強度は必ずしも同じにはならない．このような効果をマトリックス効果(matrix effect)という．定量分析では，これらの補正のために種々の補正式が工夫されているが，実用的な方法としては，適当な標準試料を用意し，これによる検量線を作成して定量に利用するのが一般的である．すなわち，未知試料となるべくよく似たマトリックスを持ち，かつ目的元素の含有量が既知であるような標準試料を作成し，そのX線強度と目的試料のそれとを比較する．

蛍光X線分析は，標準試料との比較を主とする相対値分析であるため，微量成分の定量分析には必ずしも向いていない．通常 0.01％ 程度以上の成分の定量に利用されている．また，一般に軽元素の検出感度は劣る．

2.7.4 結晶格子とミラー指数

図 2.51 は結晶の原子配列を二次元的な結晶格子(crystal lattice)として理想

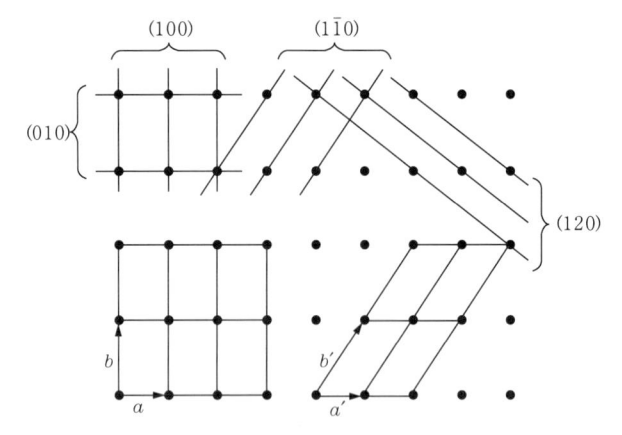

図 2.51 二次元格子および単位格子の選び方
単位格子(a軸, b軸)を選んだときのいくつかの平行面群(c軸に平行とする)とミラー指数を示す.

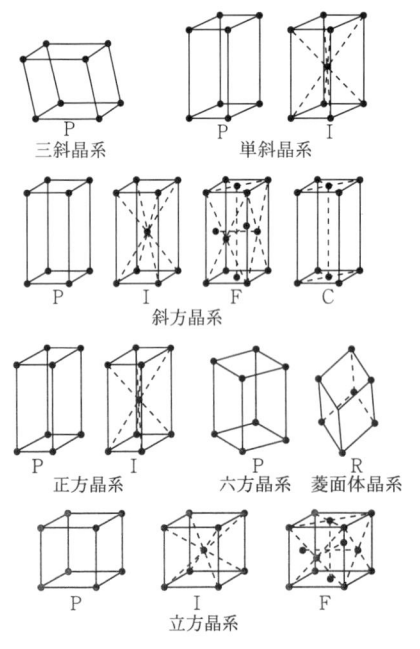

図 2.52 14個のブラベー格子
P：単純格子, I：体心格子,
F：面心格子, C：底心格子,
R：菱面体格子

化して示したものである．原点および単位軸の選び方には任意性があり，a軸，b軸のようにも，また必要によりa'軸，b'軸のように選んでもよい．黒丸(格子点)1つ1つは「繰り返しの代表点」を表している．これら格子点を原子，分子，原子団などで置き換えれば実際の結晶ができあがる．格子点はすべて等価である．等価な格子点を三次元的に規則正しく配列する方法は全部で14通りが可能で，これをブラベー格子(Bravais lattices)または空間格子(space lattice)と呼ぶ(図2.52)．格子のタイプには，単純格子(P)，

表 2.17 7つの結晶系および面間隔と格子定数の関係

結晶系	結晶軸	面間隔と格子定数の関係
立方（等軸）晶系 (cubic)	$a=b=c$ $\alpha=\beta=\gamma=90°$	$\dfrac{1}{d^2}=\dfrac{h^2+k^2+l^2}{a^2}$
正方晶系 (tetragonal)	$a=b\neq c$ $\alpha=\beta=\gamma=90°$	$\dfrac{1}{d^2}=\dfrac{h^2+k^2}{a^2}+\dfrac{l^2}{c^2}$
斜方晶系 (orthorhombic)	$a\neq b\neq c$ $\alpha=\beta=\gamma=90°$	$\dfrac{1}{d^2}=\dfrac{h^2}{a^2}+\dfrac{k^2}{b^2}+\dfrac{l^2}{c^2}$
菱面体晶系 (rhombohedral or trigonal)	$a=b=c$ $\alpha=\beta=\gamma\neq 90°$	$\dfrac{1}{d^2}=\dfrac{(h^2+k^2+l^2)\sin^2\alpha+2(hk+kl+hl)(\cos^2\alpha-\cos\alpha)}{a^2(1-3\cos^2\alpha+2\cos^3\alpha)}$
六方晶系 (hexagonal)	$a=b\neq c$ $\alpha=\beta=90°$ $\gamma=120°$	$\dfrac{1}{d^2}=\dfrac{4}{3}\left(\dfrac{h^2+hk+k^2}{a^2}\right)=\dfrac{l^2}{c^2}$
単斜晶系 (monoclinic)	$a\neq b\neq c$ $\alpha=\gamma=90°\neq\beta$	$\dfrac{1}{d^2}=\dfrac{1}{\sin^2\beta}\left(\dfrac{h^2}{a^2}+\dfrac{k^2\sin^2\beta}{b^2}+\dfrac{l^2}{c^2}-\dfrac{2hl\cos\beta}{ac}\right)$
三斜晶系 (triclinic)	$a\neq b\neq c$ $\alpha\neq\beta\neq\gamma\neq 90°$	$\dfrac{1}{d^2}=\dfrac{1}{V^2}(S_{11}h^2+S_{22}k^2+S_{33}l^2+2S_{12}hk+2S_{23}kl+2S_{13}hl)$ $V=abc\sqrt{1-\cos^2\alpha-\cos^2\beta-\cos^2\gamma+2\cos\alpha\cos\beta\cos\gamma}$ ただし $S_{11}=b^2c^2\sin^2\alpha \quad S_{22}=a^2c^2\sin^2\beta \quad S_{33}=a^2b^2\sin^2\gamma$ $S_{12}=abc^2(\cos\alpha\cos\beta-\cos\gamma)$ $S_{23}=a^2bc(\cos\beta\cos\gamma-\cos\alpha)$ $S_{13}=ab^2c(\cos\gamma\cos\alpha-\cos\beta)$

体心格子(I)，面心格子(F)，底心格子(C)，そして菱面体格子(R)がある．実際の結晶には，これらのタイプの違いが外形に現れない場合があり，それを考慮して整理すると，結局7つの結晶系(crystal system)に還元される．すなわち結晶系は，結晶をその格子定数(単位格子の長さ a，b，c とそれらのなす角 α，β，γ)の違いによって分類したものである(表2.17)．この分類は，結晶の外形に基づいて古くから経験的に行われてきた分類と一致している．

さて図2.51中に示したように，格子点を結んでいろいろな向きの平行面群を考えることができる．ミラー指数はこれらの面(面群)を区別して表す方法である．いま，ある結晶面が3つの結晶軸とそれぞれ原点から pa，qb，rc（a，

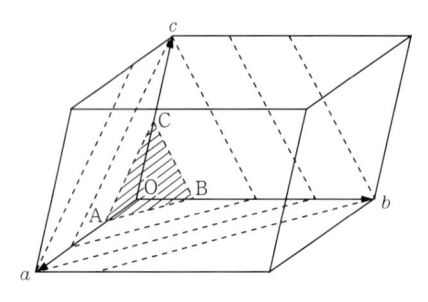

図 2.53 ミラー指数の決め方
破線の平行面群の $(h\,k\,l)$ は $(3\,4\,2)$.

b, c は単位軸の長さ；p, q, r は整数)の距離で交わるとする．このとき，p, q, r の逆数の比 $1/p : 1/q : 1/r$ を考え，これを最も簡単な整数比 $h : k : l$ に書き換えたものでその結晶面を表すこととし，これを $(h\,k\,l)$ と記す．これをミラー指数という．このとき，$(h\,k\,l)$ 面に平行なすべての面の中で，原点に最も近い面(図 2.53 の面 ABC)は結晶軸をそれぞれ a/h, b/k, c/l の位置で切ることになる．図では $OA = a/h$, $OB = b/k$, $OC = c/l$ である．したがって，この場合の面 ABC のミラー指数は $(3\,4\,2)$ となる．図 2.54 に他の簡単なミラー指数の例を示す．

ミラー指数と格子定数の間の関係は，各結晶系について幾何学的に導かれるもので，表 2.17 に併せて示してある．

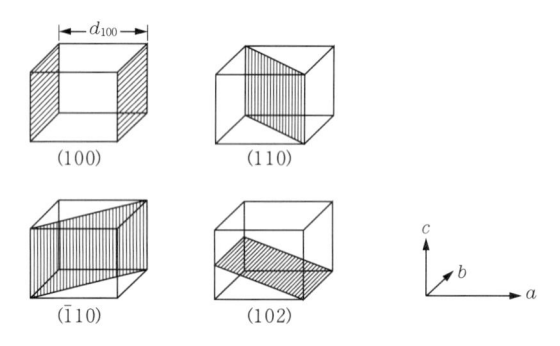

図 2.54 格子面を示すミラー指数の例

2.8 放射能利用分析法

元素とは，その原子核の中に異なった中性子数を持ついくつかの同位元素(体)の総称である．それらの安定度には主として陽子数と中性子数の比に関係

した差があり，安定同位体(原子核の種類でいえば安定核種)と放射性同位体(放射性核種)に分けられる．不安定な原子核は放射線を放出して安定になろうとするためにこの名がある(放射線を放出する能力を放射能という)．現在知られている約1900の同位体のうち，安定同位体は約300種，その他は天然放射性同位体(^{3}H，^{13}C，^{226}Ra，^{238}U など)と人工放射性同位体(^{99}Tc，^{60}Co など，および原子番号93以上の超ウラン元素)である．そして放射性同位体が安定になるために放出する放射線の種類とエネルギーが，不安定な核種それぞれに特有なために，この放射線を検出・測定することによって，核種を同定し定量する分析目的に利用できるのである．第二次世界大戦後，原子力の平和利用，分析対象の微量化などとの関連で，種々の放射能を利用した分析法が開発された．原発事故により，環境中に放出された放射性核種の測定に威力を発揮した放射化学分析，希土類元素・医薬品の分析に有用な同位体希釈分析，免疫分析法の検出手段として放射能を用いるラジオイムノアッセイ，酸化数など元素の化学的存在状態を知るのに有用なメスバウアー分光法など，いずれも分析化学の分野で極めて重要な方法である．しかし，本書が入門書であることを考慮して，ここでは放射壊変の初歩に触れ，緒論で高感度分析法として，また正確さ・精度との関連で言及した放射化分析(とくに中性子放射化分析)に限って解説する．他の放射能利用分析については「さらに勉強したい人たちのために」(p.180)を参照されたい．

2.8.1 放射能

放射性核種が崩壊するときに放出する放射線には α 線，β 線，γ 線の3種類がある．α 線はHeの原子核，つまり陽子2個，中性子2個からなる荷電粒子，β 線には(陰)電子 β^-，陽電子 β^+ の2種類があり，γ 線は高エネルギーの電磁波である．α 線を出して原子核が崩壊すると(α 崩壊)，生じる核種は原子番号が2，質量数が4小さいものになる．生成核種がまだ不安定な場合は，γ 線を放出して安定化する．β 崩壊では質量数は変わらないが，陰電子崩壊では中性子が陽子に変わるので原子番号が1だけ増加し($n \to p + e^-$)，陽電子崩壊では陽子が中性子に変換して原子番号が1だけ減少する($p \to n + e^+$)．β

崩壊に際しても，γ 線が放出される場合がある．

放射壊変は圧力・温度などの条件に左右されず，dt 時間に崩壊する原子核の数 dN は親核種の数 N と時間に比例する．

$$dN = -\lambda N dt \tag{2.33}$$

ここで λ は核種に特有な壊変定数である．この式を積分して得られる次式は，放射性核種が指数関数的に減少して行くことを表している．

$$N = N_0 \exp(-\lambda t) \tag{2.34}$$

ここで N_0 は最初に存在した親核種の数を表す．N が半分になるまでの時間を半減期 $T_{1/2}$ と呼び，次式で表される．

$$T_{1/2} = \frac{\ln 2}{\lambda} \tag{2.35}$$

放射能を定量的に表す単位はベクレル Bq で，1 秒当たり崩壊する原子核の数である．

2.8.2　中性子放射化分析（NAA）

不安定な原子核が放射能を持つ，と述べたが，安定核種に中性子あるいは荷電粒子を打ち込んで不安定にして放射能を持たせることができる．これを放射化といい，放出される放射線のエネルギー，半減期から核種を同定し，誘導放射能の量が問題核種の量に正比例することを利用して定量するのが放射化分析の原理である．陽子と中性子から構成されている原子核に外から粒子を打ち込む場合，陽子のような荷電粒子では原子核と反発して的に当たりにくい（核反応断面積が小さい）．これに反して中性子の場合は核反応断面積が大きいのが一般である．特にエネルギーの小さい中性子（遅い中性子，slow neutron あるいは熱中性子，thermal neutron：常温における気体分子の熱運動エネルギー程度という意味でこのように呼ぶ．$10^{-4} \sim 1\,\mathrm{eV}$ の範囲のエネルギーを持つ中性子）では波動性も増すため的（原子核）に当たる確率はさらに大きくなる．そのため放射化分析の中でも，中性子放射化分析（neutron activation analysis, NAA）が最も多く利用されている．

1936 年に，Hevesey と Levi が最初の放射化分析で酸化イットリウム中のジ

スプロシウム，酸化ガドリニウム中のユーロピウムの検出に成功した．その当時，原子炉などはなかったので用いた中性子源はラジウムとベリリウムの混合物であった．ラジウムから放出されるα線とベリリウムとの核反応によって中性子が得られる．

$$^9\text{Be}(\alpha, \text{n})^{12}\text{C} \tag{2.36}$$

(核反応は，"標的核種(照射粒子，放出粒子)生成核種"のように表す)

希土類元素は一般に存在度が低く，化学的性質が極めて似ているので，特定の希土類元素化合物中に不純物として含まれている他の希土類元素を分離することは，化学分離法を用いては至難の技である．照射粒子が原子核と起こす核反応は，元素の化学的性質とは無関係なので，このような事例の場合に大きな力を発揮することになる．

現在，中性子源としては，熱中性子を大量に生成することのできる原子炉を用いるのが一般である．実際には，原子炉内の熱中性子密度の高い場所に試料を挿入して放射化する．熱中性子によって起こる核反応は，主として(n, γ)反応で，反応断面積が大きく，ほとんどすべての元素が対象になる．標的核種よりも質量数が1だけ大きい生成核種から放出されるγ線を追いかけて分析するのである．たとえば，安定核種である^{23}Naに熱中性子を照射して(n, γ)反応により生成した^{24}Naは，半減期15.0時間でβ^-崩壊して^{24}Mgに変わる．その際1.37 MeVと2.75 MeVのγ線を放出する．したがって照射後に放出されるγ線のエネルギーとその強度をγ線スペクトロメーターで測定することにより，安定核種である^{23}Naの定性・定量が可能になる．

$$^{23}\text{Na} + \text{n} \longrightarrow {}^{24}\text{Na} + \gamma \tag{2.37}$$

$$^{24}\text{Na} \longrightarrow {}^{24}\text{Mg} + \beta^- + \gamma \quad (1.37\,\text{MeV},\ 2.75\,\text{MeV}) \tag{2.38}$$

原子炉の中では熱中性子だけでなく，量は少なくとも，エネルギーの大きい中性子も生成するので，(n, γ)以外の，核反応断面積の小さい(n, p)，(n, 2n)，(n, α)などの核反応も起こりうる．すなわち，これらの核反応によって^{23}Na以外の核種からも^{24}Mgが生成する可能性があり，これら核種の共存がナトリウムの定量に正の誤差を与えることになる．

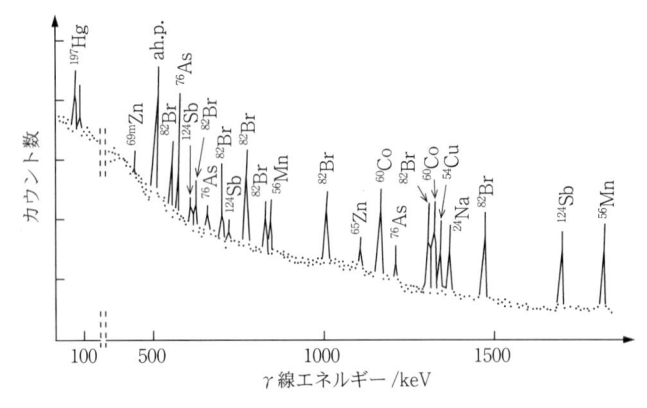

図 2.55 γ線スペクトルの例
ah.p.：消滅ピーク

　γ線スペクトロメーターは，ゲルマニウムにリチウムを拡散させた Ge (Li)，あるいは純粋ゲルマニウムを用いた半導体検出器と，エネルギーごとにγ線の強度を測定するための波高分析器から成り立っている．中性子放射化分析の基礎になるγ線スペクトルの例を図2.55に示す．

　放射化分析による定量は，生成放射能が照射条件一定で目的核種の量に比例することを利用して，未知試料と一定量の目的核種を含んだ標準試料を同一条件で照射し，放射能を比較して行うのが一般である．また，生成放射能の量から，目的核種の核反応断面積などの核データ，照射条件などを用いて，試料中にある目的核種の質量を計算することができる(絶対法)．放射化分析が，超微量分析のための標準物質(SRM)の参照値を決定する場合に重要な役割を果たすのは，絶対定量ができるという特徴によるのである．

　現在，環境試料，生体試料あるいは工業材料中の微量元素の定性・定量に広く利用されているのは機器中性子放射化分析(Instrumental Neutron Activation Analysis, INAA)であり，放射化試料のγ線スペクトルをコンピュータ処理して解析することにより，多くの元素を高感度にそして非破壊で同時に定性・定量できる利点を持っている．特定の目的核種をさらに高感度に定量するためには，試料を照射後，担体(一般に同じ元素の安定同位体)を加えて，目的

核種のみを化学分離してγ線を測定する放射化学的中性子放射化分析(Radiochemical Neutron Activation Analysis, RNAA)が有用である．宇宙科学的試料のような貴重な試料中の超微量元素の定量などが RNAA で行われている．

　中性子放射化分析は緒言でも触れたように，高感度で定量値の正確さにおいて優れているが，反面精度に問題があることを忘れてはならない．また現在(2004年8月)，わが国では大学附置の研究用原子炉が次々に閉鎖され，照射用の原子炉事情が非常に劣悪であることが残念であり，速やかな改善を期待したい．

2.9　新しい光源，レーザーとシンクロトロン放射光(ＳＯＲ)
2.9.1　レーザー

　単色性，指向性，干渉性，エネルギー集中度(高輝度性)が優れた光源をコヒーレント(coherent)光と呼び，その典型がレーザー光である．レーザー光が，位相が揃っていて一定の方向に広がらずに進行するということを，空間的・時間的にコヒーレントであるという．こうしたレーザー光を得るためには，レーザー発振する媒体について，レーザー波長に対応するエネルギー分布が逆転分布を持つ必要がある．すなわち，たとえば電子の2つの準位 E_i と E_j のエネルギー間でレーザーが発振するとすると，エネルギーの高い E_j の方が，低い E_i よりも多数の電子で占められなければならない．こうした逆転分布を持つ媒体の中を，同じ共鳴波長を持つ光子が通過すると，誘導放出といって光子の数は倍増して出てくる．これが発振管の中では何回も繰り返される．レーザー(laser)とは，light amplification of stimulated emission of radiation の頭文字を取ったものである．レーザーには連続発振(CW)のものと，パルス発振のものが存在する．

　（1）レーザーの種類

　連続発振のレーザーとしては，アルゴンレーザー(主な発振線：524.5, 488 nm)，クリプトンレーザー(647.1 nm)，ヘリウムネオンレーザー(He-Ne と略：632.8 nm)，CO_2 レーザー(10.6 μm)，半導体レーザー，ヘリウムカドミ

ウムレーザー(He-Cd と略:325, 441.6 nm)，Nd-YAG レーザー(1064 nm)などがある．

パルス発振のレーザーとしてよく使用されるものは，Nd-YAG レーザー(1064 nm)，エキシマーレーザー(ArF:193 nm, KrCl:222 nm, KrF:248 nm, XeCl:308 nm, XeF:351 nm)である．さらに安価なレーザーとして窒素レーザー(337.1 nm)がある．機器分析に使用されるレーザーはこれらのレーザーであるが，他にも，初めてレーザー発振が行われたルビーレーザー(694.3 nm)や，繰り返し周波数が高くとれる金属蒸気レーザー(Au:312 nm, Cu:510, 578 nm)などがある．

(2) レーザーの活用

レーザーを蛍光光度法やラマン散乱の光源として利用することもよく行われる．さらに，溶液への照射による熱レンズ効果や光音響法なども研究レベルで検討されている．

熱レンズ効果とは図 2.56 に示すようなものである．溶液の光吸収が無放射過程で熱に変換すると，溶媒に熱が伝わりレーザーの照射した強度と同様の熱分布となる．通常の液体では温度(T)に対する屈折率変化(dn/dT)は負であ

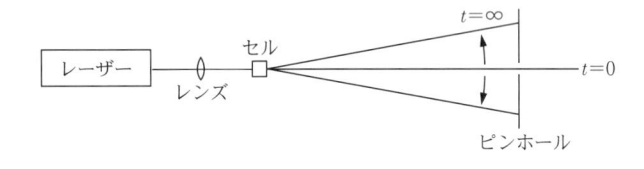

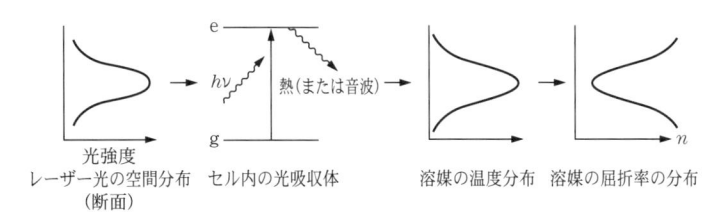

図 2.56 熱レンズ効果の概念図
t:時間　n:屈折率　e:励起状態　g:基底状態

るので，見かけ上凹レンズが溶液内に形成されたようになる．これが熱レンズ効果である．ふつうセルの手前には光の集光効率を向上させるため，凸レンズが置かれる．セルの位置は，わずかにレンズの焦点の位置より外側に置かれるので，凸レンズによる分散がさらに熱レンズの形成で大きくなる．このレーザー光は2ないし3m後方に置かれたピンホールによって受光する．したがって熱レンズが形成されるとピンホールへ入る光量はさらに減少する．この減少の度合いは溶液の吸光度よりはるかに大きく，見かけ上溶液の吸収は，数百倍から数千倍に増幅されたようになる．

光音響法はレーザー光のような強い光源によって照射された物体が，吸収によって熱膨張し音波に変わるもので，無放射遷移を利用する点では，先の熱レンズ効果と軌を一にするものである．

2.9.2 シンクロトロン放射光（SOR）

高速で走る電子が磁場や電場の力を受けて急激に方向を変えられると，エネルギーの一部を失って光（電磁波）を放出する．荷電粒子の加速装置（シンクトロン）の一種である電子ストーレジ・リングを使って，光速度近くまで加速*

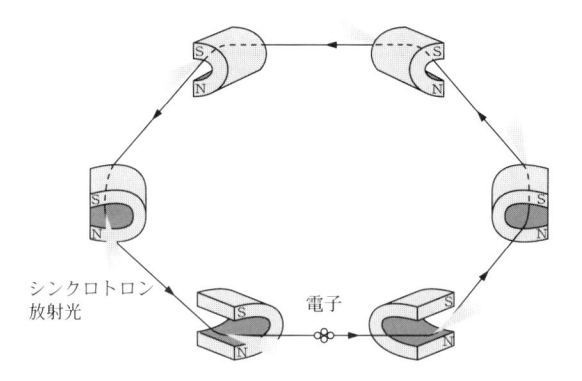

図2.57　シンクロトロン放射光（高エネルギー加速器研究機構パンフレットを基に作成）

---

* 25億eVの電子は光の速度の99.99998％の速度で走る．

された電子を超高真空の円形軌道に周回させるとしよう．このとき，円形軌道上に置かれた電磁石で方向を曲げられるたびに電子から光が放射される．これがシンクロトロン放射光(synchrotron orbit radiation, SOR または SR)と呼ばれるものである(図 2.57)．水でぬれた傘を軸を中心に回転させると，水滴が開いた傘の回転方向に飛散するようなものとしてイメージされよう．この放射光は以下のような特色を持っている．

 (1) 赤外線から X 線におよぶ広い波長範囲で完全な連続(白色光と呼ばれる)である．
 (2) 強度が強い(通常の X 線管球により発生させた X 線強度より 3〜4 桁程度強力である)．
 (3) レーザー光線のように強い指向性がある．
 (4) パルス放射である．
 (5) 偏光となっている．

しかも，放射光の発生原理からも分かるように，発生する電磁波の強度分布，波長エネルギーなどは理論的に導き出せるものであり，素性の知れたクリーンな光源であるということができる．このような光源から発生する電磁波を用いて，物質科学，生命科学その他の広範な分野の研究を進めることが可能となる．しかしながら，放射光発生のための施設は通常の実験室レベルをはるかにこえた巨大なものであり，したがってその利用は，電子ストーレジ・リングのある施設に，いろいろな分野の研究者たちがやってきて，そこで測定を行う，ということになる．わが国では，つくば研究学園都市の高エネルギー加速器研究機構(KEK)の通称フォトン・ファクトリー(Photon Factory，25億eV)が著名であるが，1997年からは播磨研究学園都市のスプリング・エイト(SPring-8，80億eV)が稼働している．

　このような強力な光源を利用した研究は多岐の分野で進められている．一般に光を物質に当てたときに起こる現象は大別して次の 3 つに分けられ，これらが研究の対象となる．

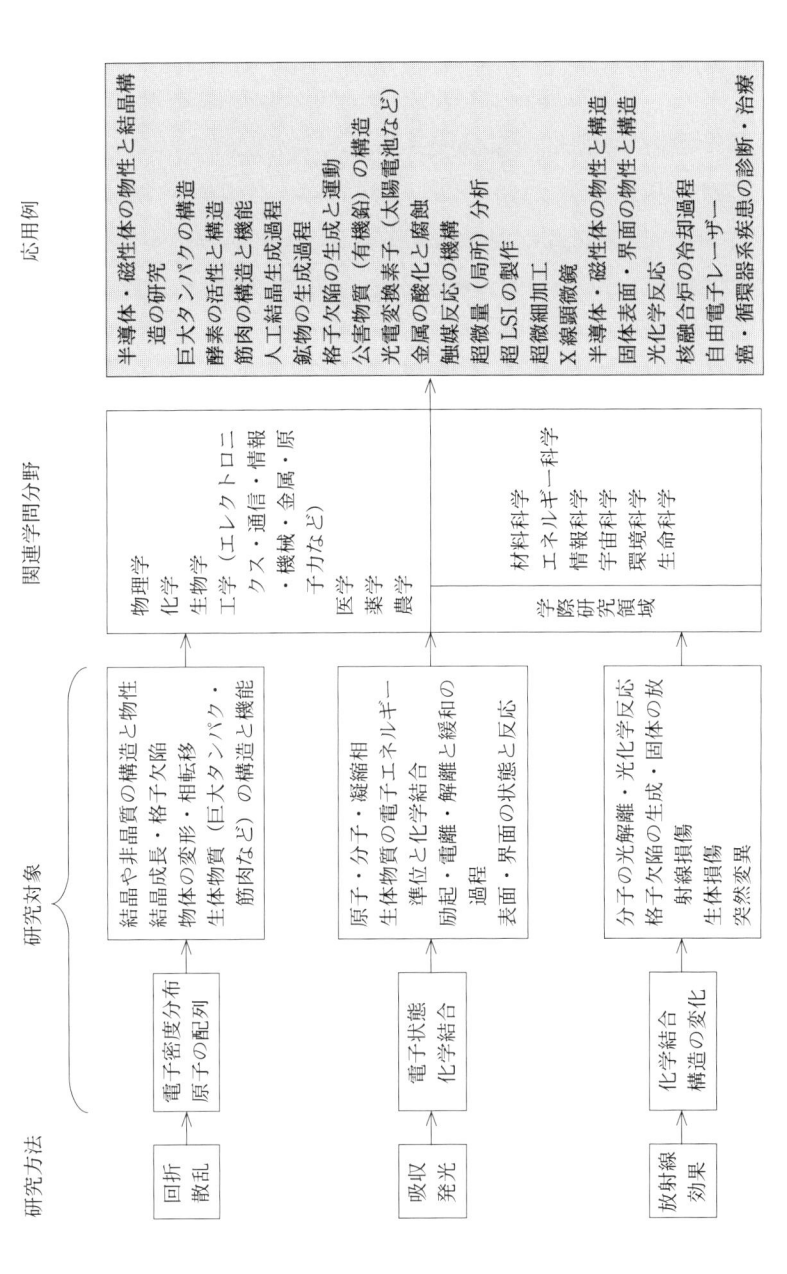

2.9 新しい光源，レーザーとシンクロトロン放射光

図2.58 SOR光の応用分野（高エネルギー加速器研究機構パンフレットを基に作成）

研究方法	研究対象	関連学問分野	応用例
回折・散乱（電子密度分析・原子の配列）	結晶や非晶質の構造と物性、結晶成長・格子欠陥、物体の変形・相転移、生体物質（巨大タンパク・筋肉など）の構造と機能	物理学、化学、生物学、工学（エレクトロニクス・通信・情報・機械・金属・原子力など）、医学、薬学、農学	半導体・磁性体の物性と結晶構造の研究、巨大タンパクの構造、酵素の活性と構造、筋肉の構造と機能、人工結晶生成過程、鉱物の生成過程、格子欠陥の生成と運動、公害物質（有機銀）の構造、光電変換素子（太陽電池など）、金属酸化と腐蝕、触媒反応の機構（局所）分析、超LSIの製作、超微細加工、超微顕微鏡、X線顕微鏡
吸収・発光（電子状態・化学結合）	原子・分子・凝縮相、生体物質の電子エネルギー、準位と化学結合、励起・電離・解離と緩和の過程、表面・界面の状態と反応	学際研究領域（材料科学、エネルギー科学、情報科学、宇宙科学、環境科学、生命科学）	半導体・磁性体の物性と構造、固体表面・界面の物性と構造、光化学反応、核融合炉の冷却過程、自由電子レーザー、癌・循環器系疾患の診断・治療
放射線効果（化学結合の変化・構造の変化）	分子の光解離・光化学反応、格子欠陥の生成・固体の放射線損傷、生体損傷、突然変異		

（1） 回折・散乱

電磁波が物質中の電子によって散乱され，散乱された電磁波は互いに干渉し，物質の構造に応じた特有の回折パターンを示す．これにより，物質中の原子の配列が分かる．

（2） 吸収・発光

電磁波が物質により選択的に吸収される．その結果，物質中の電子状態が変化し，電子や光の放出が起こる．これにより物質中の化学結合や電子状態が分かる．

（3） 放射線効果

吸収された電磁波エネルギーにより，化学結合が切断されて物質構造に変化が生じる．これにより，生体機能の破壊，突然変異などが起こる．

図2.58は，現時点における応用・利用の有様を示したものである．

第3章 電気分析

電気分析法は試料溶液中の化学種を電気化学的手法により分析する方法である．溶液中に浸した2つの電極間の電位差を測定するポテンショメトリー，流れる電気量を測定するクーロメトリー，印加電圧と電解電流との関係曲線を作成するボルタンメトリーがある．

3.1 ポテンショメトリー(電位差測定法)

電極電位とネルンストの式

いま，n価の金属イオンM^{n+}の溶液中に同種の金属棒Mを浸した場合を考える．金属原子は溶液中にイオンとなって溶け出そうとし，一方，溶液中のイオンM^{n+}は金属上に原子となって析出しようとする．この反応は次式で表される．

$$M^{n+} + ne^- \rightleftharpoons M \tag{3.1}$$

この酸化還元反応が平衡状態に達したとき，金属棒はある基準(参照電極)に対して一定の電位(電極電位)を持っていると考える．このような系を半電池(half cell)といい，M^{n+}/Mまたは，M/M^{n+}などと表す．2つの半電池を組み合わせて電池を構成するとき，両者の電極電位が異なればその電位差に対応して外部の負荷に電流iが流れる．このような電気化学系の最も単純な例はダニエル電池(図3.1)である．これは2つの半電池

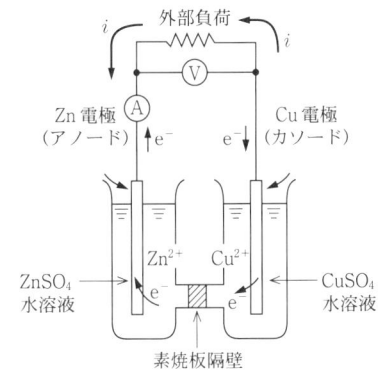

図3.1 電気化学セル(ダニエル電池)

$$Zn^{2+} + 2\,e^- \rightleftarrows Zn \qquad (3.2)$$

$$Cu^{2+} + 2\,e^- \rightleftarrows Cu \qquad (3.3)$$

が組み合わされたものであるが，Cuの電極電位(＋0.337 V)がZnのそれ(－0.763 V)より高いので，結果としてCu極からZn極の方向に外部負荷を通って電流が流れる．ちなみに両極の電位差は1.10 Vである．ダニエル電池では，Zn極の表面で起きている反応はZn → Zn^{2+} ＋ 2 e^- であり，Cu極の表面で起きている反応はCu^{2+} ＋ 2 e^- → Cuである．すなわちZn極の表面では酸化反応が進行しており，このような極をアノード(anode)と呼ぶ．一方，Cu極の表面では還元反応が進行しており，このような極をカソード(cathode)と呼ぶ．アノードでは電子は常に反応により溶液から電極(固体)側に移動しており，この流れをアノード電流という．逆にカソードでは電子は電極側から溶液側に移動しており，この流れをカソード電流という．

　電位差は2つの電極(2つの半電池)が存在して初めて測定できるようになる．しかし，もしもそれぞれの電極に対して独立に電極電位を定義することができれば，任意の電極反応の組み合わせに対しても電池の起電力を予想することができて便利である．このような目的のために標準となる電極(半電池)が用意され，これを参照電極(reference electrode)という．この電極と目的の電極を組み合わせて電池を構成し，その電池の示す起電力をもって，目的の半電池

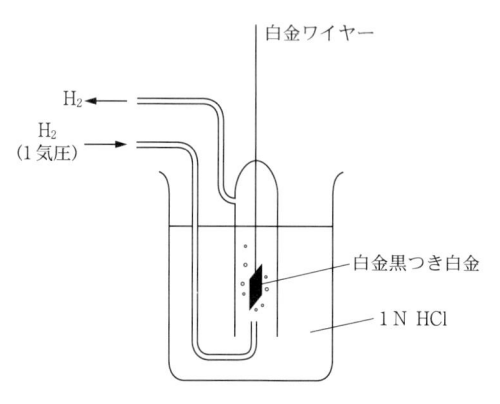

図3.2　標準水素電極 NHE

の電極電位と定義する．標準として使われる参照電極は図 3.2 のようなもので，これを標準水素電極(normal hydrogen electrode, NHE)という．この電極における白金板の表面上では，

$$H_2(1\text{気圧}) \rightleftarrows 2H^+(a=1) + 2e^- \quad (25\,°C) \quad (3.4)$$

の反応が平衡にあるものとされる．ただし a は活量である．

この NHE を左側に置き，目的の電極を右側に置いて電池を構成し，その起電力を測定する．たとえば，Cu 電極をこの NHE と組み合わせて電池を構成すると，図 3.1 の電気化学セルにおいて，左側の Zn 電極を NHE に置き換えた構成となる．Cu 極から外部負荷を通って水素電極側に電流が流れる．電位差を測定すると 0.337 V である．この場合，Cu 電極の電極電位をプラス 0.337 V と定める．もしも Cu 電極の代わりに Zn 電極を用いたならば，電流は前と反対に水素電極側から外部負荷を通って Zn 極側へ流れ，電位差を測定すると 0.763 V である．よって Zn 電極の電極電位をマイナス 0.763 V と定める．同様にして，いろいろな電極(あるいは電極反応)について電極電位が求められる．それらを表にまとめたものが標準電極電位(表 3.1)である．ここで標準というのは，溶解している物質について活量が 1 に等しいこと，また気体物質についてはその分圧が 1 気圧であることを示す．

ところで，NHE は実際には使用が便利とはいえないので，これに代わる別の電極を参照電極として用いる．それらの主なものを表 3.2 に示す．これらは NHE に対して一定の電位を持ち，かつ，取り扱いも比較的容易である．通常はこれらの電極を利用し，後は換算により正しい電位を算出する．たとえば図 3.4 (p. 87) の左側にみられるような飽和カロメル電極(saturated calomel electrode, SCE)を用いて測定した場合，得られた測定値にさらに 0.241 V を加えた値が，問題の電極の NHE に対する標準電極電位となる．

ネルンストの式

既述のように，表 3.1 の電極電位は，電極反応が一定の温度，圧力，濃度の条件下で進行している場合の値が示されたものである．実際にはいつもこの条件下にあるとは限らないので，一般の条件下における値が必要になる．この値

表 3.1 標準電極電位 (25 ℃)

電極	電極反応	電極電位 (V)
酸性溶液		
Li^+/Li	$Li^+ + e \rightleftarrows Li$	-3.045
K^+/K	$K^+ + e \rightleftarrows K$	-2.925
Ba^{2+}/Ba	$Ba^{2+} + 2e \rightleftarrows Ba$	-2.906
Ca^{2+}/Ca	$Ca^{2+} + 2e \rightleftarrows Ca$	-2.866
Na^+/Na	$Na^+ + e \rightleftarrows Na$	-2.714
Mg^{2+}/Mg	$Mg^{2+} + 2e \rightleftarrows Mg$	-2.363
Al^{3+}/Al	$Al^{3+} + 3e \rightleftarrows Al$	-1.662
Zn^{2+}/Zn	$Zn^{2+} + 2e \rightleftarrows Zn$	-0.7628
Fe^{2+}/Fe	$Fe^{2+} + 2e \rightleftarrows Fe$	-0.4402
Cd^{2+}/Cd	$Cd^{2+} + 2e \rightleftarrows Cd$	-0.4029
Sn^{2+}/Sn	$Sn^{2+} + 2e \rightleftarrows Sn$	-0.136
Pb^{2+}/Pb	$Pb^{2+} + 2e \rightleftarrows Pb$	-0.126
Fe^{3+}/Fe	$Fe^{3+} + 3e \rightleftarrows Fe$	-0.036
$H^+/H_2/Pt$	$2H^+ + 2e \rightleftarrows H_2$	0
$Sn^{4+}, Sn^{2+}/Pt$	$Sn^{4+} + 2e \rightleftarrows Sn^{2+}$	$+0.15$
$Cu^{2+}, Cu^+/Pt$	$Cu^{2+} + e \rightleftarrows Cu^+$	$+0.153$
$S_2O_3^{2-}, S_4O_6^{2-}/Pt$	$S_4O_6^{2-} + 2e \rightleftarrows 2S_2O_3^{2-}$	$+0.17$
Cu^{2+}/Cu	$Cu^{2+} + 2e \rightleftarrows Cu$	$+0.337$
$I^-/I_2/Pt$	$I_2 + 2e \rightleftarrows 2I^-$	$+0.5355$
$Fe(CN)_6^{4-}, Fe(CN)_6^{3-}/Pt$	$Fe(CN)_6^{3-} + e \rightleftarrows Fe(CN)_6^{4-}$	$+0.69$
$Fe^{2+}, Fe^{3+}/Pt$	$Fe^{3+} + e \rightleftarrows Fe^{2+}$	$+0.771$
Ag^+/Ag	$Ag^+ + e \rightleftarrows Ag$	$+0.7991$
Hg^{2+}, Hg	$Hg^{2+} + 2e \rightleftarrows Hg$	$+0.854$
$Hg_2^{2+}, Hg^{2+}/Pt$	$2Hg^{2+} + 2e \rightleftarrows Hg_2^{2+}$	$+0.92$
$Br^-/Br_2/Pt$	$Br_2 + 2e \rightleftarrows 2Br^-$	$+1.0652$
$Mn^{2+}, H^+/MnO_2/Pt$	$MnO_2 + 4H^+ + 2e \rightleftarrows Mn^{2+} + 2H_2O$	$+1.23$
$Cr^{3+}, Cr_2O_7^{2-}, H^+/Pt$	$Cr_2O_7^{2-} + 14H^+ + 6e \rightleftarrows 2Cr^{3+} + 7H_2O$	$+1.33$
$Cl^-/Cl_2/Pt$	$Cl_2 + 2e \rightleftarrows 2Cl^-$	$+1.3595$
$Ce^{3+}, Ce^{4+}/Pt$	$Ce^{4+} + e \rightleftarrows Ce^{3+}$	$+1.61$
$Co^{2+}, Co^{3+}/Pt$	$Co^{3+} + e \rightleftarrows Co^{2+}$	$+1.808$
$SO_4^{2-}, S_2O_8^{2-}/Pt$	$S_2O_8^{2-} + 2e \rightleftarrows 2SO_4^{2-}$	$+2.01$
塩基性溶液		
$OH^-/Ca(OH)_2/Ca/Pt$	$Ca(OH)_2 + 2e \rightleftarrows 2OH^- + Ca$	-3.02
$H_2PO_2^-, HPO_3^{2-}, OH^-/Pt$	$HPO_3^{2-} + 2e \rightleftarrows H_2PO_2^- + 3OH^-$	-1.565
$ZnO_2^{2-}, OH^-/Zn$	$ZnO_2^{2-} + 2H_2O + 2e \rightleftarrows Zn + 4OH^-$	-1.215
$SO_3^{2-}, SO_4^{2-}, OH^-/Pt$	$SO_4^{2-} + H_2O + 2e \rightleftarrows SO_3^{2-} + 2OH^-$	-0.93
$OH^-/H_2/Pt$	$2H_2O + 2e \rightleftarrows H_2 + 2OH^-$	-0.82806
$OH^-/Ni(OH)_2/Ni$	$Ni(OH)_2 + 2e \rightleftarrows Ni + 2OH^-$	-0.72
$CO_3^{2-}/PbCO_3/Pb$	$PbCO_3 + 2e \rightleftarrows Pb + CO_3^{2-}$	-0.509

表3.2 主な参照電極

参照電極	電極反応	電極電位 (V) (25 °C)
標準水素電極*	$2H^+ + 2e^- = H_2$	0 (基準)
カロメル電極 (1 M KCl)	$Hg_2Cl_2 + 2e^- = 2Hg + 2Cl^-$	0.280
カロメル電極 (飽和 KCl)**	$Hg_2Cl_2 + 2e^- = 2Hg + 2Cl^-$	0.241
銀・塩化銀電極 (1 M KCl)	$AgCl + e^- = Ag + Cl^-$	0.236
銀・塩化銀電極 (飽和 KCl)	$AgCl + e^- = Ag + Cl^-$	0.197

* NHE　** SCE

はネルンストの式により求められる．

いま，半電池 M^{n+}/M について考える．すなわち金属イオン M^{n+} の溶液中に同種の金属棒を浸した系である．この場合の酸化還元反応は式(3.1)と同じで，

$$M^{n+} + ne^- \rightleftarrows M$$

と表される．この反応が平衡状態にあるとき，電極電位 E は，

$$E = E° - \frac{RT}{nF} \ln \frac{a_M}{a_{M^{n+}}} \tag{3.5}$$

と与えられる．式(3.5)はネルンストの式と呼ばれる．ここで，R は気体定数，T は絶対温度，F はファラデー定数，a_M および $a_{M^{n+}}$ はそれぞれ M および M^{n+} の活量である．$E°$ は標準電極電位である．

たとえば $CuSO_4$ 水溶液に銅電極を浸した場合，電極反応は，式(3.3)にあるように，

$$Cu^{2+} + 2e^- \rightleftarrows Cu$$

で，ネルンストの式を常用対数を用いて書き直すと 25 °C では，

$$E = E°_{Cu} - \frac{0.059}{2} \log \frac{[Cu]}{[Cu^{2+}]} \tag{3.6}$$

となる．固体の銅電極の場合，その活量(濃度)は 1 に等しいとおいてよく，したがって，

$$E = E°_{Cu} + 0.0295 \log [Cu^{2+}] \tag{3.7}$$

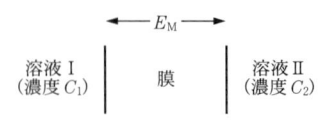

```
  ←─ E_M ─→
溶液I  |   |  溶液II
(濃度 C₁)| 膜 |(濃度 C₂)
```

図 3.3 膜電位差 E_M の発生

となる．この関係を利用すれば，$E°_{Cu}$ は既知なので，E を測定することにより，Cu^{2+} の濃度を知ることができる．

ところで，電気化学系において電位差が発生する状況として，ダニエル電池のように電極電位の異なる2つの電極間に発生する場合があるが，この他に濃度の異なる2つの溶液が薄い膜のようなもので隔てられている場合にも，膜の両面間で電位差が発生する(図 3.3)．この場合，膜は溶液IおよびIIに共通のイオン種をごくわずかながら伝えるような性質を有することが必要である．あるいは，膜自身が問題のイオン種をその構成物質種として含んでいる状況でもよい．このような場合，溶液Iと膜の界面における反応，そして，膜と溶液IIの界面における反応が，それぞれこれまで扱ってきた電極反応に相当するものと考えてよい．このようにして発生した膜電位差 E_M も同様にネルンストの式で与えられる．

$$E_M = E° - \frac{RT}{nF} \ln \frac{C_2}{C_1}$$
$$= -\frac{RT}{nF} \ln \frac{C_2}{C_1} \tag{3.8}$$

ここで $C_1 = C_2$ の場合を仮定すれば $E_M = 0$ となるべきなので，$E° = 0$ とおいてよい．したがって，C_1 または C_2 どちらかが既知のとき，E_M を測定すれば，残りの C_2 または C_1 を知ることができる．

電位差滴定

測定系の電位を測定することにより，対象とする系の濃度や化学変化について調べる手法がポテンショメトリーであり，これを滴定分析に応用したものが電位差滴定である．

酸を含む水溶液に塩基を添加して行き，水素イオン濃度[H^+]の変化を調べる場合を考える．H^+ の濃度を測定するためにガラス電極などのpH電極を用い，図 3.4 のような測定系を構成する．たとえば，酢酸を水酸化ナトリウムの

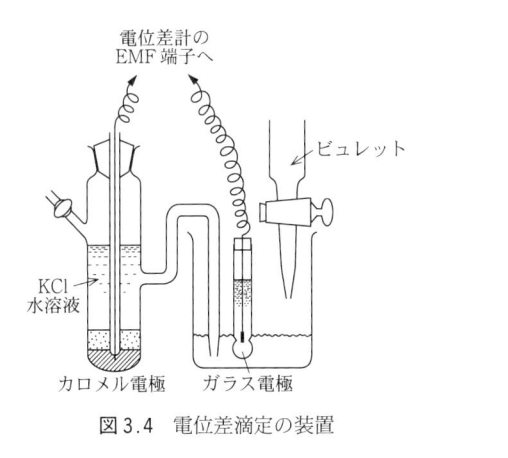

図 3.4　電位差滴定の装置

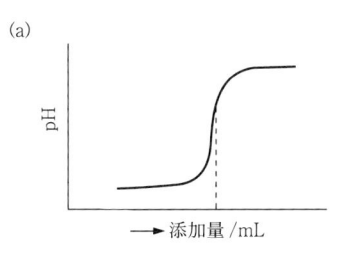

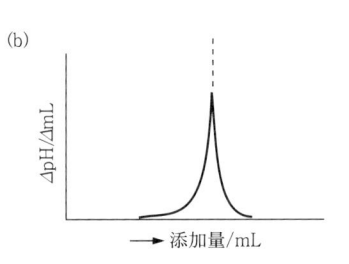

図 3.5　電位差滴定曲線
(a) 滴定曲線
(b) 微分曲線

標準溶液で滴定する場合，添加した NaOH の量と測定した pH との関係をグラフ化すると，図 3.5 のような滴定曲線が得られる．pH の飛躍点は実用的にはフェノールフタレイン指示薬を加えてその赤変する点から知ることができるが，pH の変化はすなわちガラス電極の電極電位の変化であるので，指示薬を使わなくても（あるいは適当な指示薬が見当たらないような場合でも）当量点を知ることができる．その場合，電位の変曲点(pH の変曲点)より求めてもよいが，一次微分 ΔpH/ΔmL(添加量 mL に対する pH の変化率)のカーブを作成して，それより求めるなどのことが行われる．

　水素イオン濃度$[H^+]$によって変化する pH 電極の電位は一般に次式のように求められる．

$$E_M = E° - \frac{RT}{nF} \ln \frac{C_2}{C_1} \tag{3.9}$$

すなわち式(3.9)において，C_1 は既知，$C_2 = [H^+]$とすれば，

$$E_M = E' - 0.059\,\mathrm{pH} \quad (25\,°C) \tag{3.10}$$

ただし，

$$E' = \frac{RT}{nF} \ln C_1 \quad (n = 1 \text{ とする}) \tag{3.11}$$

となる.書き換えると,

$$\mathrm{pH} = \frac{E_\mathrm{M} - E'}{0.059} \tag{3.12}$$

水溶液中で電離平衡にある弱酸 HA(ここでは CH_3COOH)の解離定数 K_a は次式で定義される.

$$K_a = \frac{[\mathrm{H}^+][\mathrm{A}^-]}{[\mathrm{HA}]} \tag{3.13}$$

このとき,

$$\mathrm{p}K_a = -\log\frac{[\mathrm{H}^+][\mathrm{A}^-]}{\mathrm{HA}} \tag{3.14}$$

$$= \mathrm{pH} - \log\frac{[\mathrm{A}^-]}{[\mathrm{HA}]} \tag{3.15}$$

強塩基 BOH(ここでは NaOH)と反応して生成する塩 BA(CH_3COONa)は強電解質であり完全に解離しているので,この塩濃度を C_AB とすれば,

$$C_\mathrm{AB} = [\mathrm{A}^-] \tag{3.16}$$

と与えられる.ここから酸・塩基反応が当量点に達したときは,

$$C_\mathrm{AB} = [\mathrm{HA}] \tag{3.17}$$

となるから式(3.15)より対数の項が消えて,

$$\mathrm{p}K_a = \mathrm{pH} \quad \text{すなわち} \quad K_a = 10^{-\mathrm{pH}} \tag{3.18}$$

となる.よって式(3.12)より,

$$K_a = 10^{-(E_\mathrm{M} - E')/0.059} \tag{3.19}$$

すなわち,当量点における電位 E_M を測定することにより,K_a を知ることができる.

3.2 クーロメトリー(電量分析)

電気分解に関するファラデーの法則に基づいて,電解に要した電気量を測定することにより目的成分の定量を行う方法をクーロメトリーという.大別する

と 2 つの方法がある．1 つは，電位を一定に保ちながら電解して，流れる電気量を測定する定電位クーロメトリー，他の 1 つは，電流を一定に保ちながら電解し，流れる電気量を測定する定電流クーロメトリーである．

ファラデーの電気分解の法則によれば，
（1） 電気分解で折出するイオンの質量 W は，流れた電気量 Q に比例する．
（2） 同じ電気量で折出するイオンの物質量は，イオンの化学当量(イオン 1 モルをイオンの価数で割った値)に比例する(異なるイオンに着目した場合)．

以上を 1 つの式にまとめて表現すると，

$$W = \frac{Q}{F} \cdot \frac{M}{n} \tag{3.20}$$

となる．ここで M はイオンの原子量，n はイオンの価数，F はファラデー定数 ($9.64853 \times 10^4 \, \mathrm{C \, mol^{-1}}$) である．これは次のように導ける．

いま，k 個の金属イオン(価数 n)が陰極で電子を受け取り金属になる場合を考える．このために必要な電気量 Q は，

$$Q = \mathrm{k} \cdot n \cdot e \tag{3.21}$$

である．e は電子 1 個が持つ電気量である．アボガドロ数を N_A とすれば，k/N_A はイオンのモル数に等しいので，

$$\mathrm{k}/N_\mathrm{A} = W/M \tag{3.22}$$

と与えられる．両者の式から k を消去し，かつ $F = eN_\mathrm{A}$ の関係を使えば，式 (3.20) が求まる．この式で W と Q の比例関係が，ファラデーの電気分解の法則 (1) に相当し，W と M/n の比例関係が，(2) に相当している．

式 (3.20) から分かるように，電解に要した電気量 Q を正しく測定すれば，電解による生成量 W が求められることが分かる．

Q は，電流の強さを I (アンペア)，流れた時間を t (秒) とすれば

$$Q = \int_0^t I \mathrm{d}t \tag{3.23}$$

で与えられる．Q の測定のためには，最近では電気的積算回路を組み込んだクーロメーター(電量計)が主に用いられる．

3.2.1 定電位クーロメトリー

図 3.6 は電解分析の簡単な装置および回路を示している．電極は両極とも白金電極とし，電解液は 0.5 M 程度の硫酸酸性の硫酸銅(0.1 M)水溶液とする．

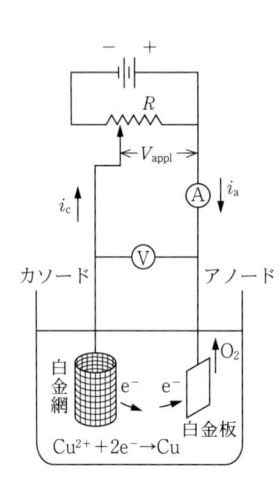

図 3.6 定電位クーロメトリーの概念図
アノード(白金板)表面で
$$2H_2O \longrightarrow 4H^+ + O_2\uparrow + 4e^-$$
カソード(白金網)表面で
$$Cu^{2+} + 2e^- \longrightarrow Cu\downarrow$$
の反応が進行する．

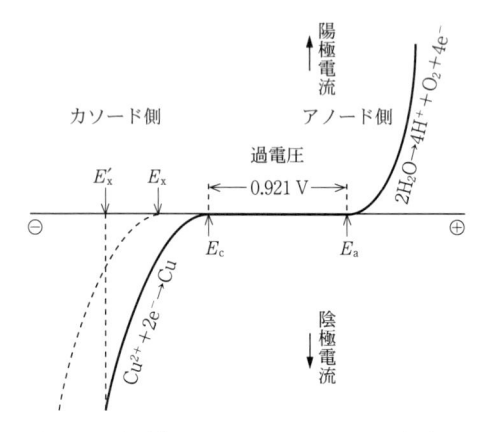

図 3.7 定電位クーロメトリーにおける過電圧と電極反応

外部からの印加電圧 V_{appl} を次第に大きくしていくと(抵抗への接点を左側へ移動していくと)，あるところから電流値が急に増大し，電解が起こり始める(図 3.7)．そして右側の電極では O_2 が，左側の電極には Cu が析出する．これらの反応を式で示せば，

$$2\,H_2O \rightleftharpoons 4\,H^+ + O_2\uparrow + 4\,e^- \tag{3.24}$$

$$Cu^{2+} + 2\,e^- \rightleftharpoons Cu\downarrow \tag{3.25}$$

となる．ここでは便宜上平衡式として $\rightleftharpoons$ の表記を用いたが，実際にはいずれも矢印の向きは $\rightarrow$ の向きであるとしてよい．電流の向きは，外部回路においては左から右へ，反対に電解層の中では右から左へ向かっている．電子の流れる向きは，電流の向きとは逆である．右側の電極では酸化反応が進行し，アノード電流 i_a が流れている．一方左側の電極(カソード)では，還元反応が進行し，カソード電流 i_c が流れている．i_a と i_c は流れる向きは逆で大きさは等しい．

式(3.24)と式(3.25)に関する標準電極電位は，$E^\circ_{O_2} = +1.229\,\mathrm{V}$ および $E^\circ_{Cu} = +0.337\,\mathrm{V}$ である．電解溶液は $[Cu^{2+}] = 0.1\,\mathrm{M}$，$[H^+] = 1.0\,\mathrm{M}$，またアノードより発生する O_2 は 1 気圧と見なしてよいから，アノードとカソードの電極電位をネルンストの式より求めると，

$$E_a = 1.229 + \frac{0.059}{4}\log 1 = 1.229\,[\mathrm{V}] \tag{3.26}$$

$$E_c = 0.337 + \frac{0.059}{2}\log 0.1 = 0.308\,[\mathrm{V}] \tag{3.27}$$

これらが，この系における理論分解電位である．この両者の差 $V = 1.229 - 0.308 = 0.921\,\mathrm{V}$ 以上の電圧を加えることにより電解は起き始めることになる．この理論値より余分に加えなければならない電圧は過電圧 V_{ov} と呼ばれる．さらに，回路全体は R なる抵抗を持っているので，電解を生じさせるために必要な電圧 V_{appl} は，

$$V_{\mathrm{appl}} = V + V_{\mathrm{ov}} + iR \tag{3.28}$$

となる．

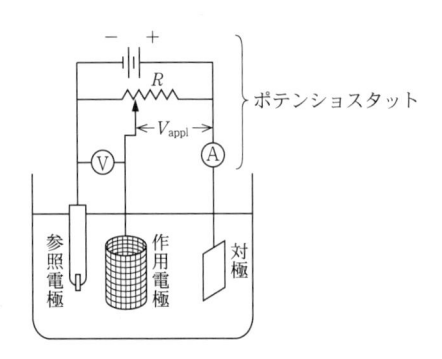

図3.8 参照電極を用いて作用電極の電位を一定に保つ

電流を流して電解を進行させると，溶液中の金属イオンの濃度は時間とともに変化するので式(3.28)の右辺の3つの項はいずれも変化する．したがって，両電極の電位も変化し得るので，場合によっては目的以外の電極反応が起こって定量の目的が達せられないことになる．たとえば図3.7の破線で示されるような，より標準電極電位の低い金属イオン種(鉛イオンなど)が混在しているような場合，カソードの電位が E_c と E_x の中間値に位置する限り銅イオンの析出のみ起こるので問題ない．しかしこれを外れて，E_x より低電位 E'_x まで変動するような場合は，銅と同時に他のイオンも電解されることになる．このようなことが生じないようにするためには，目的の反応が進行している電極(作用電極．指示電極ともいう．ここではカソード)の電位が変わらないように一定値に固定したり，あるいは次の別の反応を起こさせるために他の適当な値に移動させるなど，正しいコントロールが必要になる．このような操作により，初めてカソード上で一つの電極反応のみが起こり，セル中を通過した全電気量が定量目的の物質量に比例することになる．このような測定が行えるようにするための工夫として，第3の電極を参照電極として図3.8のように設け，この参照電極に対して反応が進行している作用電極の電位が一定となるように V_{appl} を調節する．この調節を自動的に行うための装置はポテンショスタット(potentiostat)と呼ばれる．

3.2.2 定電流クーロメトリー

この方法では，電解の進行中，電流が一定となるように図3.8の V_{appl} を調節する．電解の進行とともに電極電位は変化し得るが，それでも目的の電極反応のみが起こるような電解条件が満たされるならば，反応量はファラデーの法則から直ちに求められる．すなわち，反応に要した電気量を Q とすれば，

表3.3 電量滴定法の応用例

滴　定	電解液	作用物質 (発生試薬)	分析例
中　和	0.1 M KCl	H^+, OH^-	酸, 塩基, CO_2, SO_2
酸化還元	0.1 M $Ce_2(SO_4)_3$ 硫酸溶液 0.1 M KCl	Ce^{4+} Cl_2	Fe^{2+}, Mo^{3+}, H_2O_2 Fe^{2+}, NH_3, S^{2-}
沈　殿	0.5 M KNO_3	Ag^+	Cl^-, Br^-, I^-, CN^-
キレート	0.1 M Hg-EDTA +NH_3緩衝液	EDTA	Ca^{2+}, Mg^{2+}, Cu^{2+}, Pb^{2+}

$$反応当量数 = \frac{Q}{F} \quad (F はファラデー定数) \tag{3.29}$$

であり，Q は反応に要した時間 t を測定することにより，

$$Q = i \times t \tag{3.30}$$

で求められる．この場合，反応による電極の重量変化を測定する必要はない．

しかしながら，多くの場合，反応の進行とともに電極電位が変化してしまう結果，他の電極反応が起こるなどして，電流値 i が必ずしもすべて目的の反応によるものとは限らないという事態が生じ得る．すなわち電流効率が100％より低下してしまうわけである．電量滴定(coulometric titration)は，このような問題が生じないように工夫された電解分析の一種である．

この方法では，一定の電流で電解しながら，同時に電極電位を合理的な電位に保っておくことができるように，適当な作用物質をあらかじめ添加しておき，反応の終点を作用物質の変化を介して検知する方法をとる．作用物質として，多くの場合補助酸化還元剤を使用し，これによる急激な電位変化を読み取って終点とする．

電量滴定が応用される例を表3.3に示す．前記の例のような酸化還元滴定への応用のみならず，中和滴定，沈殿滴定，キレート滴定などにも応用される．

3.3 ボルタンメトリー

ボルタンメトリー(voltammetry)とは，電極間に加えられた電圧と流れた電流との関係を示す曲線を測定により求め，これより定量・定性分析ないし電極表面(およびその近傍)で進行する反応について解析する手法の総称である．分析化学的に興味ある手法としては，特に滴下水銀電極を使用するポーラログラフィー(polarography)，および電気化学反応特性を調べるのによく使用されるようになったサイクリックボルタンメトリー(cyclic voltammetry, CV)が挙げられる．

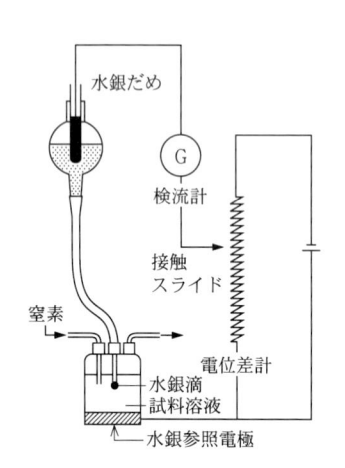

3.3.1 ポーラログラフィー

ポーラログラフィーは，滴下水銀電極(dropping mercury electrode)を用いて試料溶液を電解したときの電流と電位との関係(ポーラログラム)から，溶液の微量分析や電極反応機構の解析などを行う方法である．ポーラログラフ法(polarographic method)とも呼ばれる．1922年にHeyrovskyにより報告され，志方との協力により発展したものである．特に陰極側の電極は細い毛管の穴(穴の径 0.06〜0.08 mm)から出てくる水銀の小滴であり，一種の微小電極である．水銀は白金などと比較して水素過電圧*が大きいので電極上で各種の電極反応を行わせることが可能であり，しかも水銀滴の表面は常に新しく保たれるので，広い応用性と良好な再現性に特徴があるといえる．戦前，戦後を通じて長い間ボルタンメトリーの代表的な方法として普及してきた．

図3.9 ポーラログラフィーの概略図

（1）直流ポーラログラフィー

ポーラログラフィーの装置は，図3.9のように滴下水銀電極部分と電極電位の制御部よ

---

* 陰極に水素が発生するときの過電圧．過電圧が大きい分だけ電極電位をより負側に下げることができ，すなわちより広い電圧範囲で電極が使用可能である．

り構成されている．電解セル中の試料溶液は，被測定化学種とKClなどの電解質を含んでいる．酸素がわずかでも溶存するとバックグラウンド電流として誤差の原因となるので，窒素やアルゴンガスをバブリングにより導入して，あらかじめ除くことが必要である．ただし，測定中はこれは行わない．電位の制御は一般にはポテンショスタットを用いる．水銀の滴下は0.5〜10秒間に1滴程度の速度で行う．

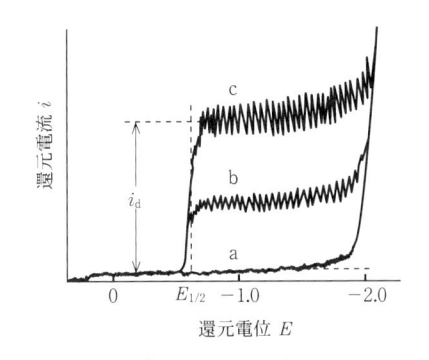

図3.10 Cd^{2+}のポーラログラム
a：0.1 M KCl
b：0.1 M KCl ＋ 0.001 M Cd^{2+}
c：0.1 M KCl ＋ 0.002 M Cd^{2+}

　図3.10の微量のCd^{2+}を含む水溶液のポーラログラムでは，還元電位と還元電流が主に測定される．一般に横軸の目盛りは右へ行くほど電極電位が低くなるようにとり，一方，縦軸の目盛りは還元反応による電流の流れ（電極側から溶液側への電子の流れ，すなわちカソード電流）の強さを表すようにとるのがふつうである．

　滴下水銀電極の電位が負方向に移行して行くと，ある点から急に還元電流が増大し始め，ある高さに達してほぼ一定の値を示すようになる．これを限界電流という．一定の値になる理由は，Cd^{2+}が電極表面で$Cd^{2+} + 2e^- \rightarrow Cd$の還元反応を受けると，それに続いて次々と他の$Cd^{2+}$が電極表面にまで移動して還元反応が続くのであるが，ある限度で溶液中のCd^{2+}の拡散速度に律速されてしまうためである．その意味で，限界電流のことを拡散電流i_d(diffusion current)と呼ぶ．また，限界電流の波高の半分になる電位を半波電位(half-wave potential)$E_{1/2}$と呼ぶ．溶液中に存在している反応化学種の濃度とi_dは比例関係にあり，また$E_{1/2}$は化学種の還元反応に固有の電位を示すことが知られている．したがって測定されたポーラログラムのi_dと$E_{1/2}$の値から化学種の定性と定量分析が行える．

　拡散電流i_dは，次のイルコビッチ(Ilkovic)の式で示される．

$$i_d = 607n\, D^{1/2}\, C\, m^{2/3}\, t^{1/6} \tag{3.31}$$

ここで，$i_d(\mu\mathrm{A})$は拡散電流，nは反応電子数，Dは化学種の拡散係数$(\mathrm{cm}^2\,\mathrm{s}^{-1})$，$C$は化学種の濃度$(10^{-3}\,\mathrm{mol}\,\mathrm{dm}^{-3})$，$m$は水銀滴下速度$(\mathrm{mg}\,\mathrm{s}^{-1})$，$t$は水銀の滴下間隔(s)である．式(3.31)は$i_d$と$C$の比例関係を示しており，定量分析の基礎となっている．実際の定量分析では，検量線を作成してから行うのが通例である．検量線の傾きは$607n\, D^{1/2}\, m^{2/3}\, t^{1/6}$に等しいので，$n$，$m$，$t$が分かれば拡散係数$D$を求めることができる．

(2) その他のポーラログラフィー

前述の直流ポーラログラフィーでは，横軸目盛りに還元電位をとり，この電位をコントロールするときは常に時間に対して一定方向に変化させていた．これに対して，電位のコントロール法および電解電流のサンプリング法に変化を加えることにより，各種のポーラログラフィーが開発されてきた．それらの中では交流ポーラログラフィー，パルスポーラログラフィー，微分ポーラログラフィー，ストリッピング法などがよく知られている．

3.3.2 サイクリックボルタンメトリー

いま，注目している電極(作用電極)で次のような電極反応が起こる場合を考えよう．

$$\mathrm{Red} \longrightarrow \mathrm{Ox} + ne^- \tag{3.32}$$

すなわち還元体Redが電子を放出し，酸化されて酸化体Oxとなる場合である．具体的な例として，ヘキサシアノ鉄(II)イオン $\mathrm{Fe(CN)}_6^{4-}$ が酸化されてヘキサシアノ鉄(III)イオン $\mathrm{Fe(CN)}_6^{3-}$ になる場合を想定する．

$$\mathrm{Fe(CN)}_6^{4-} \longrightarrow \mathrm{Fe(CN)}_6^{3-} + e^- \tag{3.33}$$

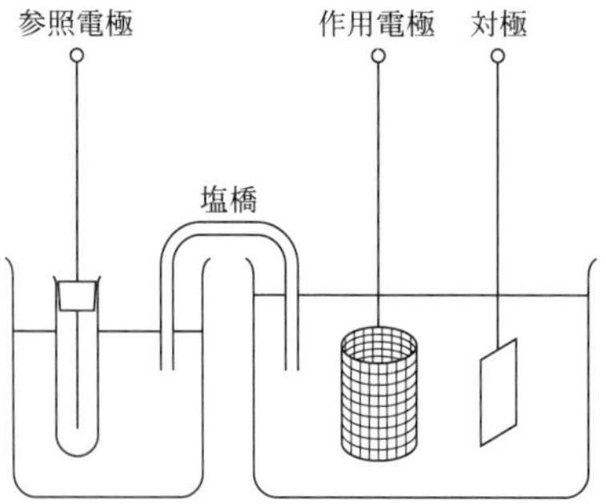

図3.11 サイクリックボルタンメトリーのセル構成

図3.11のような測定系を作り，作用電極の電位を順方向(電位を高くし

3.3 ボルタンメトリー

て行く方向)にスイープし,そして次にある電位 E_λ で反転して逆方向にスイープするとしよう.一般的に電極反応の速度(つまり測定される電流値)は「電荷移動」と「物質移動」の速度により支配される.ここで電荷移動とは,電極表面における化学反応により化学種が酸化ないし還元されて電極と電子のやりとりをすることである.物質移動とは,化学反応の結果,電極近傍の化学種の濃度が減少し,その減少分を補うように,より遠くから化学種が電極に向かって拡散・移動してくることをいう.さて,いま,電荷移動は充分速いが物質移動が遅い場合を考えよう.つまり電極反応の速度がもっぱら物質の拡散・移動の速度で律せられている場合である*.前記の鉄の酸化過程がこの場合に相当

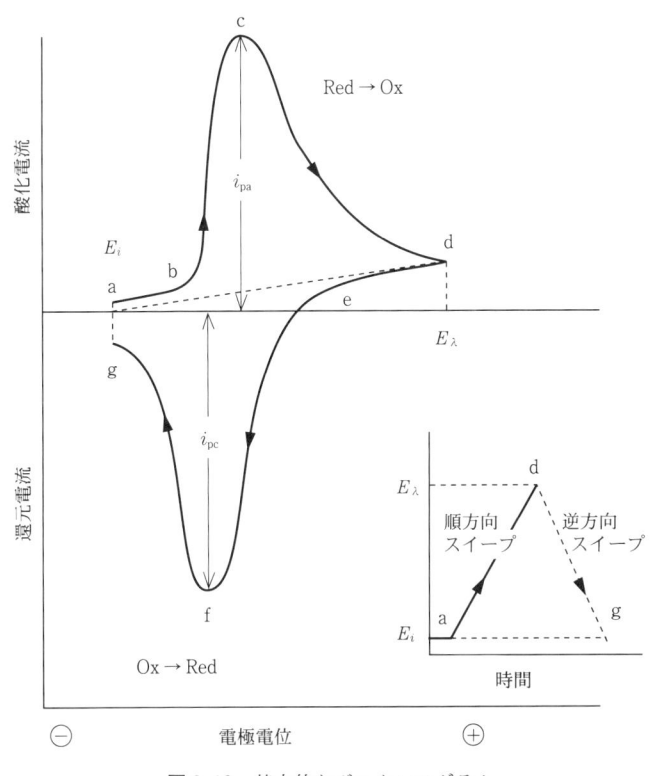

図 3.12 基本的なボルタンモグラム

している．

　得られる電流—電位曲線(ボルタンモグラム)は一般に図3.12のような形をしている．ここで特徴的なことは，順方向スイープにおいてピーク電流 i_{pa} が観測され，次いでそれが減少して行くことである．この理由は定性的に次のように考えられる．電位スイープの開始点aではまだ何も電極反応(ここでは酸化反応)は起きないので酸化電流はほとんど流れない．電位が上昇してb点付近に至ると，酸化反応が起き始め，酸化電流が流れ始める．さらにc点に至ると，電流値は最大値を示す．これ以後は，電位は上昇しても電極表面近傍の還元体 Red の濃度が小さくなるので，酸化反応(電極反応)が進行しにくくなり，酸化電流はかえって減少し始める．これより先は，拡散により周囲から Red が供給される速度に応じてボルタンモグラムの減少カーブが定まることになる．電位が E_λ に至ったとき，スイープの方向を逆転する(d点)．d点の設定(いかなる E_λ までスイープするかということ)は，実験内容に応じて(あるいは，いかなる対象物質を扱っているかで)適宜に選定することになる．逆方向スイープで観察される還元電流は，これまでとは逆の酸化体 Ox の還元体 Red への変化に対応するものである．

　このような電流—電位曲線の測定から分かることは，次のようなことである．

(1) ピーク電流 i_{pa} ないし i_{pc} の測定から，問題としている化学種濃度の定量が可能となる．

(2) 平衡電位 $E°$ ** の測定から，いかなる化学反応が進行しているかという定性分析が可能となる．

すなわち，スイープする電位幅やスイープ速度を適宜に選定することによって，対象化学種に応じた観測が可能であり，また，特に有機物質が関係する電極反応などでは，酸化ないし還元反応が一段でなく多段で進行する場合がしば

---

*　"ネルンストの式が成り立っている系"に相当する．
**　電解液をゆっくりと撹拌しながら電流—電位曲線を求めたときの，電流変化が半分起こった電位である．

しばあり，生成物が安定なものか否かによってもボルタンモグラムは多様な形を出現させる．すなわち，反応の機構解明にも有力な手法となるものであり，今後ますます利用されよう．

第4章 熱分析

　熱分析法は，広い温度範囲で起こる物理化学的変化(融解，蒸発，昇華，凝縮，凝固，ガラス転移，吸脱着，酸化還元，重合，分解など)を短時間で測定できるという特徴を持っており，無機・有機化合物を問わず，ほとんどの物質・材料のキャラクタリゼーションに用いられている．また，生産現場においても品質管理や工程管理に利用されている．本章では，現在最も多用されている熱分析法である，熱重量分析(TG)と示差熱分析(DTA)および示差走査熱量測定法(DSC)の原理と，これらの方法から得られる情報について学ぶ．

　熱分析法とは，「物質(その反応生成物も含む)の温度を一定のプログラムに従って変化させながら，その物質のある性質を時間または温度に対して測定する一連の方法」と定義される(国際熱分析連合(international confederation for thermal analysis and calorimetry, ICTAC)による)．熱重量分析(thermogravimetry, TG)は測定する性質が質量であり，示差熱分析(differential

表4.1　代表的な熱分析法

測定される性質	名称	略号	英語名称
質量	熱重量分析	TG	thermogravimetry
温度	示差熱分析	DTA	differential thermal analysis
エンタルピー	示差走査熱量測定	DSC	differential scanning calorimetry
寸法	熱膨張測定		thermodilatometry
力学特性	熱機械分析	TMA	thermomechanical analysis
	動的熱機械測定		dynamic thermomechanometry
音響特性	熱音響放出測定		thermosonimetry
	熱音響測定		thermoacoustimetry
光学特性	熱光学測定		thermophotometry
電気特性	熱電気測定		thermoelectrometry
磁気特性	熱磁気測定		thermomagnetometry
揮発性物質	発生気体分析	EGA	evolved gas analysis

thermal analysis, DTA)は基準物質と試料物質との温度差を測定する熱分析法である．測定される物性によって異なる名称が与えられており，これらをまとめて表4.1に示す．この他，TGとDTAやTGと発生気体分析(evolved gas analysis, EGA)など，2つの熱分析法を結合して同一の試料について2つの情報を得る手法もあり，複合熱分析(simultaneous thermal analysis)と呼ばれる．

熱分析法により得られる情報は試料のマクロ情報であり，間接的なものであることに注意しなければならない．したがって，観測された挙動についての分子レベルでの情報を得るためには，分光法など他の測定法の併用が必要である．近年では，熱分析法と質量分析法(MS)，フーリエ変換赤外分光分析法(FT-IR)，X線回折法(XRD)などとの複合化が活発に試みられている．

4.1 熱重量分析(TG)

TGは加熱や冷却，または定温で保持したときの試料の質量を，温度または時間の関数として連続的に測定するものである．吸脱着，蒸発，昇華，分解など質量変化を伴う熱的現象がその対象となり，種々の条件下における物質の熱安定性の測定や分解反応の解析，さらに試料中で進行する物理化学的過程の速度論的解析に使用される．

4.1.1 装置

TGの装置は熱天秤(thermobalance)と呼ばれ，電子ミクロ天秤，電気炉，

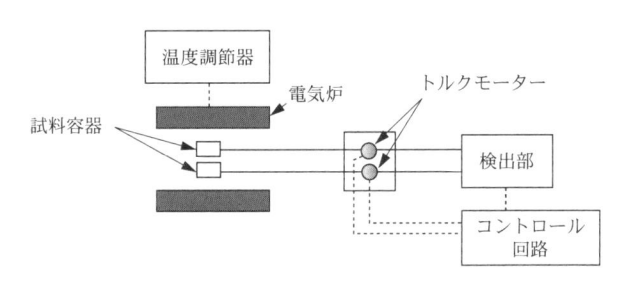

図4.1 熱天秤

温度調節器によって構成されている(図4.1)．熱天秤は，東北大学からゲッチンゲン大学に留学していた本多光太郎により，1915年に初めて考案された．その後多くの改良が加えられて，現在では熱安定性に優れ，高感度な質量測定を自動的に行える装置が普及している．

天秤で質量変化を測定する機構には零位法と変位法がある．このうち変位法は，天秤の腕の傾きを光学的または電気的に測定する方法であり，質量変化に伴って炉内での試料の位置が変化する．しかし，炉内の温度は均一であるとは限らないので，常に一定の位置に保つことのできる零位法が熱天秤には一般に用いられている．零位法では，天秤の腕の傾きを光学的方法によって検出し，光電変換素子によって電流に変換する．これを磁界中に置いたソレノイドコイルに流して試料の質量変化による回転モーメントと釣り合うようにトルクモーターで力を発生させる．生じた力は質量変化に比例し，その力はソレノイドコイルを流れる電流に比例するので，電流を測定することによって質量変化の記録，すなわち図4.2(a)に示すような熱重量曲線(thermogravimetric curve)またはTG曲線が得られる．質量 m の微小な変化や極めて近接した温度で連続して起こる多段階の変化は，TG曲線の温度 T または時間 t についての一次微分 dm/dT または dm/dt を記録すると，図4.2(b)に示したようにより明確に検出できる．この方法は，微分熱重量測定法(derivative thermogravimetry, DTG)と呼ばれている．

精密な測定のためには，熱天秤は振動の少ない場所に水平に設置されなく

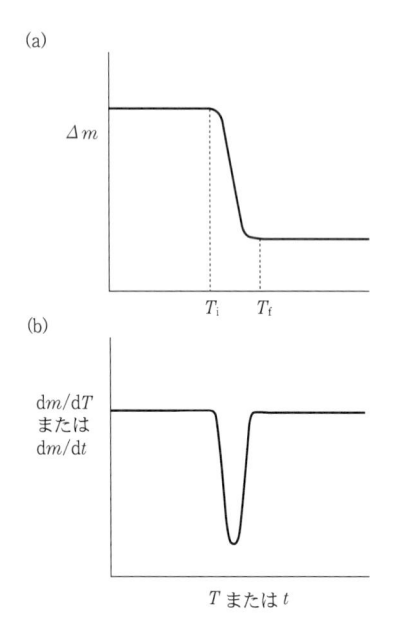

図4.2 TG曲線(a)とDTG曲線(b)
T：温度　t：時間

てはならない．強い空気の流れがあるところや高い湿度，また激しい温度差も避けなくてはならない．

熱天秤に用いられる電気炉は，試料とそれを入れる容器，および温度センサー(熱電対が多用される)を含む領域を，均一に高温まで加熱できることが要求される．炉材は，測定温度よりも少なくとも100 K以上の温度に耐えることができなくてはならず，また試料を迅速に加熱し，プログラム温度と試料温度との差を小さくするために，炉の熱容量はできるだけ小さくなければならない．加熱コイルとしてはニクロム($T < 1300$ K)やPt-10％Rh($T < 1800$ K)が，また炉材としては溶融石英($T < 800$ K)やアルミナ($T < 1300$ K)が用いられている．試料と天秤および炉の配置には，図4.3に示したように主に3つの型がある．それぞれに長所と短所を有しているが，いずれについても試料は炉中の均一な温度領域の中に置かれ，また天秤は試料から発生する蒸発物質や熱による影響を受けないように工夫されている必要がある．

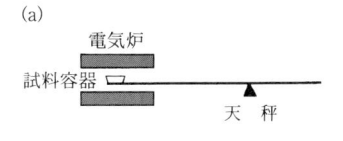

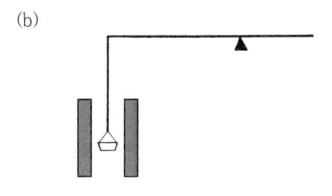

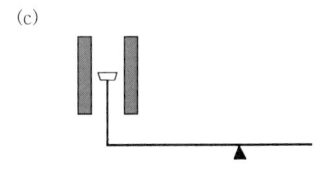

図4.3　試料と天秤および炉の位置関係

4.1.2　測定値に影響を与える要因

図4.2(a)に，加熱により質量減少を伴う一段階反応過程の模式的なTG曲線を示す．通常縦軸には質量変化Δm(％で表す)を，横軸には温度または時間をとる．T_iとT_fはそれぞれ開始温度(initial temperature)と終了温度(final temperature)と呼ばれ，質量変化を検出できるようになった温度と，質量変化が完結した最低の温度である．

図4.4(a)は，硫酸銅(II)五水和物($CuSO_4 \cdot 5H_2O$)のTG曲線を示したものである．加熱により水和水が脱離する過程が追跡されていることが分かる．T_i

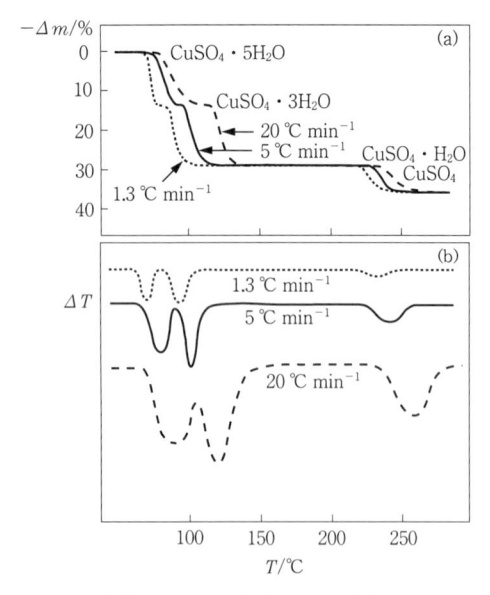

図4.4 硫酸銅(II)五水和物のTG曲線(a)およびDTG曲線(b)

とT_fおよびΔmは，装置や試料の量，昇温速度などの実験条件によって変化することに注意しなければならない．一般に試料量が多いほど質量変化が大きく，Δmの測定精度は高くなるが，試料容器が大きくなるため，浮力や対流の影響を受けやすくなる他，試料温度が不均一となり，T_iとT_fおよび$|T_f - T_i|$が大きくなる．通常TGで使用される試料量は1～50 mg(最大100～200 mg)であり，その際の測定精度は1％程度である．昇温速度は遅いほどT_iとT_fは小さい値となる(図4.4(a))．速すぎると，複数の反応が連続して起こる場合，各段階の質量変化が不明確になる．また，気体が発生する反応の場合には，気体の放散しにくい形状の試料容器を用いると質量減少に時間遅れを生じることになる．

装置の温度校正は標準物質を用いて行われるが，TGにおいては強磁性体が常磁性体に磁気転移する，いわゆるキュリー温度が用いられている．これは，強磁性体を外部磁場存在下において熱天秤で測定すると，キュリー温度で見か

けの質量変化が観測されることを利用するものである．金属 Ni(626 K)を含む 5 種類の標準物質のセットが，米国 国立標準技術研究所(NIST)より頒布されている．

4.2 示差熱分析(DTA)と示差走査熱量測定法(DSC)

TG が加熱あるいは冷却過程における質量変化を測定するのに対して，DTA と DSC はエンタルピー変化を測定する熱分析法である．DTA は Le Chatelier が 1887 年に考案した最も古い熱分析法である．DTA と DSC の装置と作動原理は異なるが，両者はよく似ており，ともに同種の情報を与える．

4.2.1 DTA

DTA では試料と基準物質とを同一の条件下で加熱または冷却し，両者間の温度差 $\varDelta T$ を炉の温度 T の関数として記録する．すなわち図 4.5(a)に示すように，同じ炉内に 2 つの容器を置き，一方には試料(S)を，他方には基準物質(R)を入れて，あらかじめ設定した速度で加熱または冷却する．両者の温度差は両容器に取り付けた熱電対によって測定される．たとえば加熱の過程で，試料に融解などの吸熱現象が起こったとすると，試料の温度 T_S はその間変化しないため，基準物質の温度 T_R に対して遅れを示すことになる(図 4.6)．温度差 $\varDelta T = T_R - T_S$ を T (T_R とほぼ等しい)に対して記録すると，図 4.7 に示すような DTA 曲線が得られる．この場合は負のピークが得られるが，発熱反応が起こる場合には正のピークとなる．DTA 曲線のピーク面積 A と，試料物質の相転移また

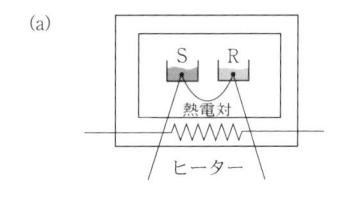

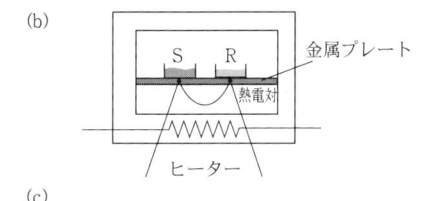

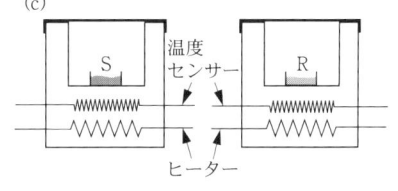

図 4.5 DTA(a)，熱流束 DSC(定量 DTA)(b)，入力補償 DSC の模式図(c)

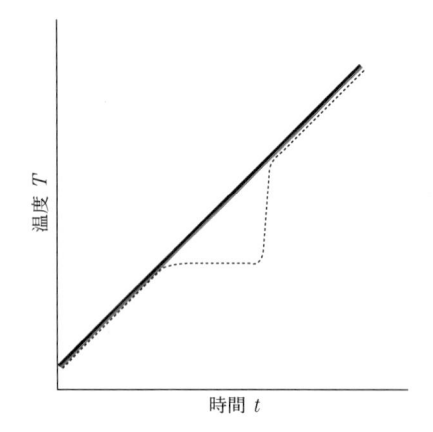

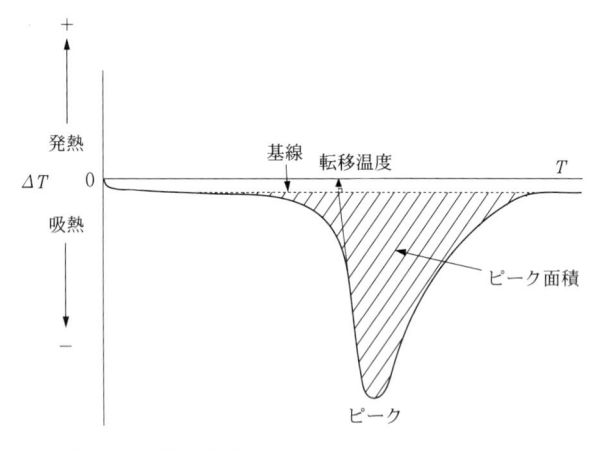

図 4.6 DTA における温度変化(吸熱転移)
── 炉の温度 ── 基準物質の温度(T_R) ------ 試料の温度(T_S)

図 4.7 DTA 曲線
ピーク面積=DTA 曲線と基線に囲まれた部分の面積,転移温度=DTA 曲線の立ち上がりの直線部と基線の外挿の交点

は反応に伴うエンタルピー変化 ΔH との間には次の関係が成り立つ.

$$\Delta H = \frac{KA}{m} \tag{4.1}$$

ここで K は比例定数である.したがって,ΔH 既知の物質を測定して比例定

数 K を求め，試料のピーク面積からエンタルピー変化を知ることができる．しかし試料内に生じる温度勾配は，測定条件，試料の種類，熱伝導度，そのときの温度などによって変化するので，K は一定値にならない．したがって古典的な DTA では転移温度を測定することはできるが，正しいエンタルピー変化を測定することはできない．

一方，Boersma は定量 DTA(quantitative DTA)と呼ばれる装置(図 4.5(b))を開発し，定量性を向上させた．試料と基準物質は，熱伝導度，比熱容量の影響など熱的条件を揃えるために，同じ作りの試料容器と基準物質容器が，左右対称に作った熱伝導性のよい金属プレート上に置かれる．熱電対は試料容器と基準物質容器の底にセットされている．定量 DTA では，正確に制御された温度条件下で，試料と基準物質の温度差が温度または時間の関数として測定され，温度差は試料と基準物質の熱流束(単位時間当たりの熱の流入)の差に比例するので，これよりエンタルピー変化を求めることができる．

4.2.2 DSC

DSC 装置では DTA と異なり，図 4.5(c)に示したように試料側と基準物質側が熱的に切り離されており，それぞれ別個に加熱器を備えている．DSC は試料と基準物質の間に生じる $\varDelta T$ を打ち消し，両者が同じ温度を保つようにそれぞれの加熱器から加えられたエネルギーの差を測定する熱分析法である．DSC 曲線は $\varDelta H/\mathrm{d}t$ を t または T(T_R と T_S の平均値)の関数として表す．DSC は定量性に優れ，$\varDelta H$ とピーク面積との間には式(4.1)の関係が成り立つ．

DSC と上述の定量 DTA はいずれもエンタルピー変化を測定する方法であるため，ICTAC は前者を入力補償 DSC(power-compensated DSC)，後者を熱流束 DSC(heat-flux DSC)と呼ぶよう定めた．

4.2.3 基準物質と標準物質

DTA や DSC に用いられる基準物質は，熱的に不活性な物質でなくてはならず，測定温度範囲内で相転移を示したり，試料容器と反応したりするものを使用してはならない．また，安定したベースラインを得るために，試料物質と

熱伝導率や比熱容量の近いものを選ぶとよい．一般に無機物質を試料とするときはアルミナ，有機高分子についてはシリコーンオイルなどが用いられることが多い．試料量が少量である場合には空の容器を置くことも多い．

DTA および DSC における温度とエンタルピー測定の校正のための標準物質は，ICTAC の協力により NIST から頒布されている．温度の校正は，金属，無機物質，高分子化合物などの特定温度での転移を利用する．一方，エンタルピー(同時に温度)の校正は高純度の金属を標準物質として用い，その融解エンタルピーに基づいて行う．インジウム(156.634 ℃)やアルミニウム(660.3 ℃)などが標準物質として用いられている．

4.2.4 測定値に影響を与える要因

TG と同様に，DTA および DSC 曲線は操作条件によって影響を受ける．試料量は多いほど感度が高くなるが，分解能は低下する．試料内の温度勾配を小さくするため，一般には 10 mg 以下とし，試料は試料容器にできるだけ密着させるよう，薄く均一に入れる(図 4.8)．硫酸銅(II)五水和物のような粉末試料の場合は，乳鉢ですりつぶし，できるだけ細かくして粒径を揃え均一にする．その後，試料を容器内に浅く，一様に充填する．なお，測定の過程で気体が発生する場合などは開放容器を，一方，蒸発による試料成分の散逸を防ぎたい場合は密閉容器を用いる．

また昇降温速度は大きいほど感度が上昇するが，ピーク分解能は低速にするほどよくなる(図 4.4(b)，p.104)．通常 0.5〜10 K min^{-1} に設定することが多い．

4.2.5 応用例

DTA と DSC は，物質の物理化学的性質を研究する手段として幅広い応用範囲を持っている．各種の反応，融解，転移などにおけるエンタルピー変化は

図 4.8　測定容器への試料の充填の仕方

もとより，試料の比熱容量も測定することができる．さらにこれらを利用して，試料物質の純度測定や反応の速度論的解析(活性化エネルギーや頻度因子の測定を含む)にも用いられている．このうち，DSC による有機化合物の純度測定は，最も多い応用例の一つである．これは次式で示される van't Hoff の式に基づいて行われる．

$$\frac{1}{F} = \frac{\Delta H_0 (T_0 - T)}{R T_0^2 X} \tag{4.2}$$

ここで T_0, R, X, ΔH_0 は，それぞれ純物質の融点，気体定数，不純物のモル分率，純物質の融解エンタルピーである．F は温度 T における融解分率であり，次式により見積もることができる．

$$F = \frac{A_S}{A_T} \tag{4.3}$$

ここで，A_T と A_S はそれぞれ融解ピークの全面積および温度 T までの面積である．図 4.9 に F の求め方の概念図を示した(融解の時間遅れなどの補正は考慮していない)．したがって，T を $1/F$ に対してプロットすると直線関係が得られ，その傾きから X が求められる．ただし，式(4.2)は，不純物が液相では融解した純物質と完全に溶け合って理想溶液となり，固相では両者は固溶体を形成しないという仮定に基づいて導かれている．

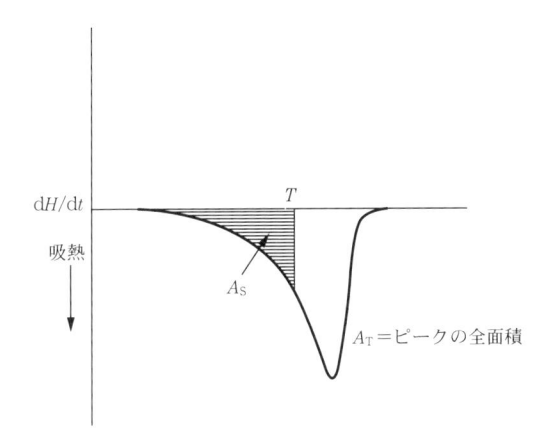

図 4.9 純度測定における DSC 曲線の解析

第5章 質量分析

　気化した気体試料を真空中に導入し，電流などにより帯電させる．それを電場で加速し，磁場もしくは四重極の電場を通過させると分子の陽イオンまたはそのフラグメント(断片)が m/z (m：質量数，z：電荷)に応じて分離する．これを検出する装置を質量分析計という．イオンは主として1価の陽イオンである．さらに電場で速度収束した後，磁場で方向収束させる二重収束型質量分析計は，高分解能質量分析に用いられる．また飛行時間型(time of flight)質量分析計も実用されている．これは，加速管を離れる瞬間のイオン速度が m/z に応じて異なることを利用する．ICP-質量分析計の部分(2.4.4項)で四重極質量分析計については説明したので，ここでは磁場型の質量分析計の説明をする．質量分析から得られる情報としては，化合物の分子量，分子構造の推定などが挙げられる．

5.1 磁場型質量分析計

　質量分析計と呼ばれるものはこれを指すことが多い．図5.1にこの概略図を示す．質量分析計は，

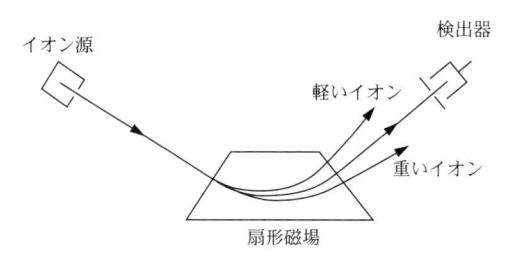

図5.1　単収束質量分析計

試料の導入 → イオン化 → イオンの質量分離 → イオンの検出 → データ処理 の部分よりなる．試料は 10^{-4} Torr まで減圧されイオン源に導入される．イオン源から磁場にかけては，$10^{-8} \sim 10^{-7}$ Torr の高真空となっている．イオン源でイオン化した試料は，$450 \sim 3600$ V のイオン加速電圧で加速され，出口スリットより出射される．

5.1.1 試料のイオン化法

気体状の試料をイオン化する方法として，以下のものがある．

（1）電子衝撃法

気体もしくは沸点の低い液体は，$2 \sim 3$ L の恒温室内の試料室に蓄えられた後，イオン化室へ導入される．沸点の高い液体や固体試料は直接イオン化室へ入れられる．イオン化室では試料(M)に 70 eV 程度の電流を照射すると，試料中の電子がたたき出され，M^+ となって一連のスリットを抜けて，磁場へ導入される．分子イオンピークの他様々な断片（フラグメント）イオンが派生し，何本もの低分子量のフラグメントピークが生じる．このフラグメントピークから分子の構造を推定することもある．照射する電流が強すぎて M^+ イオンが見えない場合には電流のエネルギーを下げる必要がある．このイオン化法を電子衝撃法(electron impact ionization, EI)という．

（2）その他のイオン化法

EI 法では，電子衝撃が大きすぎ，分子イオンピークが見えなくなることがある．そこで他のいくつかのイオン化法が試みられている．まず化学イオン化法がある(CI 法)．メタンやイソブタンに電子流を通じてイオン化し，これを試料気体と衝突させると，主に H^+（プロトン）化した分子イオンが生成する．フラグメントピークが少ないのが特徴である．

フィールドイオン化法（FI 法）では，電極間に高い電場をかけ試料を導入する．試料中の電子が陽極に移動し，イオン化する．フラグメントピークが極めて少ないため，様々な混合物を定量するのに利用される．

二次イオン質量分析(SIMS，7.4 節参照)では，試料表面をエネルギーの大きな一次イオン(Cs^+，O_2^+，Ar^+ など)の照射によりスパッタリング（衝撃によ

り削り出す)させて，試料の表面分子をイオン化する．表面から深さ方向へ元素の分布などの情報が得られる．表面を削る方法としては，レーザーを用いたり中性の分子(Arなど)を照射する場合もある．またグロー放電がスパッタリングに利用される．ここでは数百eVに加速されたアルゴンイオン(Ar^+)が表面をたたく．この場合，陽極と試料である陰極に放電が生ずる．ICP-質量分析計と同様，元素の微量分析に応用される．

5.1.2 質量分離

分子イオンは整流となって，数千ガウスの磁場に導かれる．磁場に入るときのイオンの速度をv，イオンの質量をm，電荷をzeとする．磁束密度Bへ直角方向にイオンが入射したとすると，イオンは磁場の力を受けて，円運動をすることになる．この円運動について，遠心力mv^2/r(ただしrはこの円運動の半径)が磁界による力$Bzev$と釣り合うとき，

$$\frac{mv^2}{r} = Bzev \tag{5.1}$$

したがって，

$$r = \frac{mv}{zeB} \tag{5.2}$$

となる．rはmvに比例し磁束密度Bに逆比例する．

さらにイオンの運動エネルギーは，磁界に入る前に電圧Vで加速されたものであるので，zeVに相当する運動エネルギーを得ることになり，

$$\frac{1}{2}mv^2 = zeV \tag{5.3}$$

この2つの式よりvを消去すると，

$$\frac{m}{ze} = \frac{r^2 B^2}{2V} \tag{5.4}$$

ここでBをガウス，Vをボルト，mを原子質量単位，rをcm，eを1.60×10^{-19}とすると，

$$\frac{m}{z} = 4.82 \times 10^{-5} \times \frac{r^2 B^2}{V} \tag{5.5}$$

なる式が得られ，BまたはVを連続的に変えることによって，m/zに対応す

る異なるイオンが出口スリット(コレクタースリット)を次々に通過し，検出されることになる．V が一定ならば，磁束密度 B を 0 から次第に大きくしていくと，軽いイオンから順次検出されてマススペクトルが得られる．これを質量走査という．

また z を 1 とした場合，m/e と $(m+\delta m)/e$ の 2 本のピークが区別し得る限界であるとき，これを分解能 (R) といい，

$$R = \frac{m}{\delta m} \tag{5.6}$$

で与えられる．単収束型質量分析計の場合，分解能は 1000〜2000 である．

5.1.3 イオンの検出

イオンの検出には電子増倍管が用いられる．図 5.2 に示すように，イオン衝撃によって二次電子を出し，放出電子を加速して次のダイノード(よく用いられる材質として Cu-Be 合金：Be 2〜4％ がある)と呼ばれる電極に当ててさらに多くの二次電子を出す．これを繰り返して 16〜20 段電流を増幅すると，10^5〜10^6 の増幅率が得られる．電流としては，10^{-15} A あるいはそれ以下の微

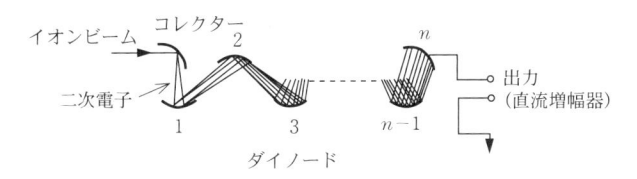

図 5.2 二次電子マルチプライヤー

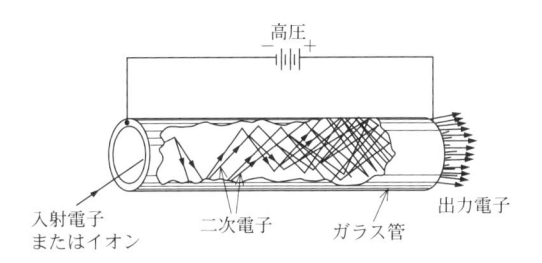

図 5.3 チャンネル型二次電子増倍管の原理図

小電流を測定する．これに対して，電気抵抗が10^8〜10^9と高い物質(たとえばセラミックスやガラス)で管状に作り，両端で3000〜4000 Vの電位勾配を与えるものをチャンネルトロンといい，ICP-質量分析計で多く用いられている(図5.3)．

5.2 二重収束型質量分析計

電場で速度収束した後，磁場で方向収束するもの(磁場での質量収束と電場での速度収束が逆になっている場合もある)で，分解能20000，1ミリマス*の単位まで測定できる．m/zが1〜4000まで測定できるので，分子イオンおよびすべてのフラグメントイオンの組成が決定できる．この方式では，磁場の前に数千から数万ボルトの直流電圧による静電場が置かれ，イオン流の速度一定のものを取り出した後，磁場による分離を行う．その概念図を図5.4に示す(この場合も磁場の後に電場が置かれている)．

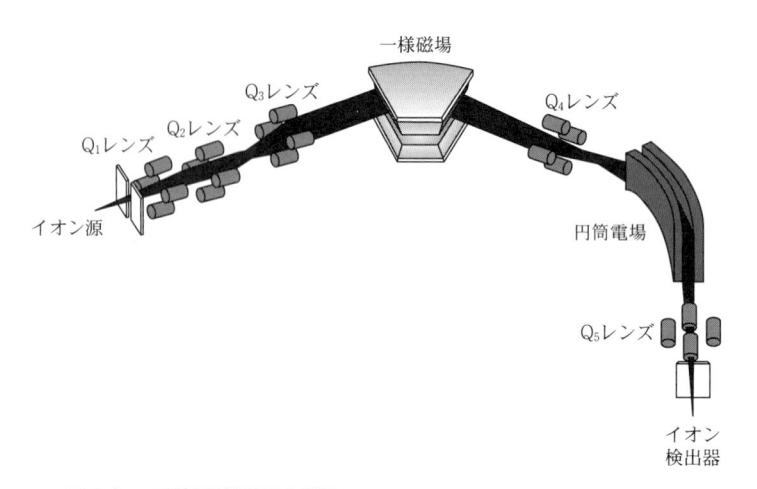

図5.4 二重収束型質量分析計
　Q_1〜Q_5レンズは静電四重極レンズを表し，イオンの収束性を上げる役割をする．

---

*　^{12}Cの原子量の1/12を質量単位(mass unit：mu)と呼び，その1/1000をミリ質量単位(ミリマス)と呼ぶ．

5.3 飛行時間型質量分析計

一定の電圧 V で加速したイオンの速さは $(1/2)\,mv^2 = eV$ という関係から求めることができる．V をボルト，m を質量単位とすると1価のイオンでは，

$$v = 1.39 \times \sqrt{\frac{V}{m}} \tag{5.7}$$

という関係が得られる．長さ L の飛行時間は L/v である．イオン源で電子ビームをごく短い時間だけ発射して，パルス状のイオン集団を作る．これを一定電圧で加速して，L だけ離れた位置に置かれた検出器で検出していくと，軽い質量のイオンからパルス状に時間軸に対して質量分析のピークが得られる．分解能は 100～10000，高質量域で分解能が高くなる．多元素の質量が数マスで得られる．安価・高感度で広い範囲の質量が測定できる特徴がある．

5.4 有機分子の質量スペクトル

EI法で得られたスペクトル(単収束型)を図5.5に示す．

分子イオンは，試料分子が電子を1個失ったもので，化合物の中で最高の質量を与えるが(同位体ピークを除く)，分子イオンが不安定なときは，必ずしも最高質量のピークが分子イオンとはならない．

試料分子が電子衝撃によって開裂し，断片となったピークをフラグメントピ

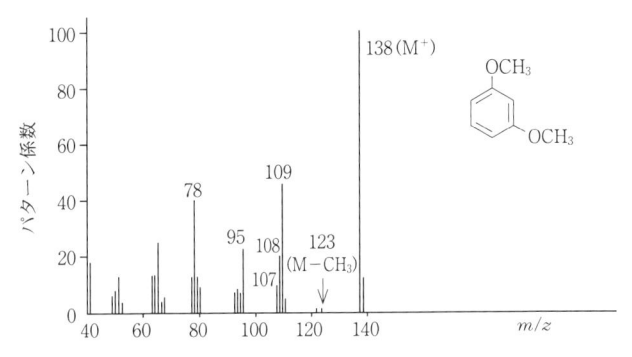

図5.5 有機分子の質量分析スペクトル
数値はイオンの m/z ．$z=1$ の場合は質量数を表す．

表 5.1 いくつかの同位体の原子質量と天然におけるおおよその存在比

同位体	原子質量 ($^{12}C=12.000000$)	天然存在比 (%)
^1H	1.007825	99.985
^2H	2.014102	0.015
^{12}C	12.000000	98.9
^{13}C	13.003354	1.1
^{14}N	14.003074	99.64
^{15}N	15.000108	0.36
^{16}O	15.994915	99.8
^{17}O	16.999133	0.04
^{18}O	17.999160	0.2
^{19}F	18.998405	100
^{28}Si	27.976927	92.2
^{29}Si	28.976491	4.7
^{30}Si	29.973761	3.1
^{31}P	30.973763	100
^{32}S	31.972074	95.0
^{33}S	32.971461	0.76
^{34}S	33.967865	4.2
^{35}Cl	34.968855	75.8
^{37}Cl	36.965896	24.2
^{79}Br	78.918348	50.5
^{81}Br	80.916344	49.5
^{127}I	126.904352	100

ークと呼ぶ．フラグメントの同定によって，分子構造の解明に役立つ．

分子イオンピークの近傍に小さく現れるピークは，同位体ピークと呼ばれ，炭素原子中に1.108%存在する ^{13}C を含む分子イオンに由来する．なお炭素の他にも酸素や窒素，塩素などが分子に含まれる場合には，いくつかの同位体が含まれるため，同位体ピークもそれに応じて分裂する．表5.1に示したように，同位体が存在する元素については，その天然存在比に従ってスペクトル中に同位体ピークが現れる．

一方，電子衝撃によって2個電子がたたき出される2価イオンピークも存在する．m/z の $z=2$ となるので，分子イオンピークの半分のところに現れる．

またスペクトルに現れる最も強いピークを基準ピークといい，これを100としたときの各ピークの相対強度で表したものを，パターン係数と呼んでいる．

準安定イオンピークは，非常に不安定なイオン(m_1)がイオン化室を出て通常の加速を受けた後，磁場に入る前に解離したもの(m_2)で，ピークは弱く幅広い．その位置(m^*)は，

$$m^* = \frac{(m_2)^2}{m_1} \tag{5.8}$$

で表される．このピークは，分子の開裂機構を考察するのに役立つことがある．

5.5 有機分子の測定

質量分析計には，単収束型，二重収束型，四重極型などがあり，それぞれ分解能が異なるので，測定から得られる精度や情報量が異なる．さらにイオン化法も様々なものがあるので，どれが目的に適しているかを判断しなければならない．

（1）分子量の推定

まず，質量分析で得られる情報としては分子量がある．はじめに分子イオンピークを確定するが，スペクトル中の最高質量のピークが分子イオンピークであることを確認する．アルコール，アミドなどのヘテロ原子を含む化合物，側鎖の多い化合物では，分子イオンピークが小さいか全く現れないこともある．

（2）分子式の決定

分解能が 20000 の二重収束型の高分解能装置では，質量数が 4 桁まで求められるので，各原子の質量が，質量数とわずかに異なることを利用して，同じ質量数の化合物でも区別できるし，また分子式の推定ができる．ただし分子量が大きくなっていくと，可能性のある分子式も複数出てくる．通常，高分解能質量分析計では，コンピュータにより可能性の高い順に分子式が示されるようになっており，NMR や赤外吸収分析法などを参照して，分子式が決定される．

（3）構造決定

様々なフラグメントピークの開裂・生成や，その同定から分子構造を推定することができる．また同位体のピークパターンから，存在する酸素，窒素，塩素，臭素の数などが推定される．

第6章 クロマトグラフィーと電気泳動

6.1 クロマトグラフィーの基礎
6.1.1 はじめに

クロマトグラフィーの歴史は1903年に始まった．ロシアの植物学者 Tswett が，炭酸カルシウム粉末を詰めたガラス管(これをカラムという)に植物色素の石油エーテル抽出液を通したところ，いくつかの色素が異なる速度で降下し，それぞれ特有の色を持った層に分離された．分離された各色素は，炭酸カルシウムをカラムから押し出し切断することによってそれぞれに単離された．Tswett はこの手法を，ギリシャ語の chroma(色)と graphos(記録)とからクロマトグラフィー(chromatography)と名付けた．最近のクロマトグラフィーはずっと複雑なものもあり，無色の物質をも含む広範な分離および定量に利用されているが，色を意味する最初の用語が現在も使用されている．

クロマトグラフィーには多くの種類がある．それらに共通していることは，「固定相」(stationary phase)と呼ばれる静止している相と，「移動相」(mobile phase)と呼ばれる固定相の間を通る，または表面を伝わっていく相とが必要なことである．上記の Tswett の実験では，炭酸カルシウムが固定相，石油エーテルが移動相に当たる．クロマトグラフィーの操作では，まず液体または固体の固定相上に試料を置き，次いで液体または気体の移動相を固定相の間を通す，または表面を伝わらせて移動させる．このとき，2相間の分配係数(6.1.3項参照)が異なる試料成分(溶質)は異なる速度で移動し，その結果として相互に分離される．

6.1.2 クロマトグラフィーの分類

クロマトグラフィーは，分離をカラム内で行うカラムクロマトグラフィー(column chromatography)と平面上で行う平面クロマトグラフィー(planar

6.1 クロマトグラフィーの基礎

表 6.1 クロマトグラフィーの分類

	名 称	固定相	移動相	主な分離機構
カラムクロマトグラフィー	ガスクロマトグラフィー (GC)			
	気-液クロマトグラフィー (GLC)	液体	気体	分配
	気-固クロマトグラフィー (GSC)	固体	気体	吸着
	液体クロマトグラフィー (LC)			
	液-液クロマトグラフィー (LLC)	液体	液体	分配, サイズ排除
	液-固クロマトグラフィー (LSC)	固体	液体	吸着, イオン交換
平面クロマトグラフィー	ペーパークロマトグラフィー (PC)	液体(固体)	液体	分配, 吸着, イオン交換
	薄層クロマトグラフィー (TLC)	固体(液体)	液体	吸着, 分配, イオン交換

chromatography)に分類される．また，移動相が気体であるものはガスクロマトグラフィー(gas chromatography, GC)，移動相が液体であるものは液体クロマトグラフィー(liquid chromatography, LC)と呼ばれる．さらに，溶質と固定相との間で生じる相互作用によって，吸着クロマトグラフィー(adsorption chromatography)，分配クロマトグラフィー(partition chromatography)，イオン交換クロマトグラフィー(ion exchange chromatography)，サイズ排除クロマトグラフィー(size exclusion chromatography)に分類される．クロマトグラフィーの分類を表 6.1 に示す．なお，クロマトグラフィーを実行する装置をクロマトグラフ(chromatograph)と呼ぶ．

6.1.3 クロマトグラフィーの基礎理論

(1) 溶質の移動と保持

溶質が固定相の間を移動する速度は，溶質の分配係数 K_D に依存する．この値は，固定相と移動相とに対する溶質の相対的な親和性によって決まり，次式のように定義される．

$$K_D = \frac{C_S}{C_M} \tag{6.1}$$

ここで，C_S は固定相中の溶質の全濃度，C_M は移動相中の溶質の全濃度であ

る．分配係数が大きいということは，溶質と固定相の相互作用が相対的に強く，溶質が固定相に存在する時間が相対的に長いことを意味する．したがって，分配係数の大きい溶質はゆっくり移動し，分配係数の小さい溶質は速く移動する．よって，カラムクロマトグラフィーでは分配係数の小さいものから順にカラムの先端に到達する．混合物中の溶質の分配係数の差が大きいほど，溶質間の分離は容易になる．溶質と固定相との相互作用は，移動相の速度を基準としたときの溶質の相対的な速度を低下させるものであり，保持(retention)と呼ばれる．

（ⅰ）カラムクロマトグラフィー

通常，カラムクロマトグラフィーで分離した成分を回収するには，移動相によって各成分を押し流してカラムから次々と除く．この操作を溶離(elution)と呼ぶ．また，分離した成分をカラムの下端で連続的に検出し，成分の濃度を溶離液体積あるいは溶離時間の関数としてプロットすると溶離曲線(elution curve)が得られ，これを図式表示したものをクロマトグラム(chromatogram)と呼び，分離された成分の定性的および定量的情報を得るのに用いる(図6.1)．たとえば，溶質の特性は，それがカラムを通り抜けるのに要する時間，保持時間(retention time) t_R または次式で定義される保持係数(retention factor) k によって記述される．

$$k = \frac{\text{固定相中の溶質量}}{\text{移動相中の溶質量}} = \frac{C_S V_S}{C_M V_M} = K_D \frac{V_S}{V_M} \tag{6.2}$$

ここで，V_S と V_M は，それぞれカラム内の固定相体積と移動相体積である．

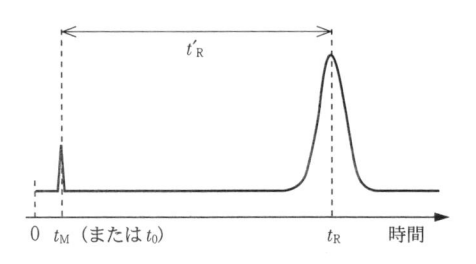

図6.1 クロマトグラムと保持時間

6.1 クロマトグラフィーの基礎　　　　121

保持時間と保持係数は次式で関係付けられる．

$$t_R = t_M(1+k) \tag{6.3}$$

ここで，t_M は固定相に全く保持されない溶質がカラムを通過するのに要する時間で，ときには t_0 とも書き，死時間(dead time)と呼ばれる．固定相に全く保持されない溶質は，移動相と同じ速度で移動し，分配係数，保持係数ともゼロであり，したがって，$t_R = t_M$ である．K_D および k の値がゼロより大きい溶質は，それらの値に応じて t_M より大きな保持時間を示す．たとえば，$k=1$ ならば $t_R = 2t_M$ であり，$k=2$ ならば $t_R = 3t_M$ となる．なお，t_R から t_M を差し引いたもの $t'_R (= t_R - t_M)$ を補正保持時間(corrected retention time)と呼ぶ．

k の値は，式(6.3)を変形した次式によって容易に計算できる．

$$k = \frac{t_R - t_M}{t_M} \tag{6.4}$$

さらに，クロマトグラフィーでは，保持体積(retention volume)を用いて定性分析を行うことが多い．これは，カラムの上端につけた溶質が，カラムの下端に達するまでに要した移動相の体積である．保持時間は，移動相の流量 F が一定であれば保持体積に比例するので($V_R = Ft_R$, $V_M = Ft_M$)，式(6.2)と(6.3)から次式が得られる．

$$V_R = V_M\left(1 + K_D\frac{V_S}{V_M}\right) \tag{6.5}$$

または，

$$V_R = V_M + K_D V_S \tag{6.6}$$

式(6.6)は，溶質の保持体積を分配係数と結び付けるもので，カラムクロマトグラフィーの基本式である．

(ⅱ) 平面クロマトグラフィー

平面クロマトグラフィーでは，通常，移動相が固定相表面の一端から他端へ完全に到達する前に分離を停止し，移動相(溶媒)先端の移動距離と溶質の移動距離の比 R_f(これを遅延係数(retardation factor)という)を用いて溶質の定性分析を行う．

$$R_\mathrm{f} = \frac{溶質の移動距離}{溶媒先端の移動距離} = \frac{1}{1+k} \tag{6.7}$$

R_fの最大値は1であり，これは分配係数および保持係数がゼロ，したがって溶質が移動相と同じ速度で移動する場合である．K_Dおよびkの値がゼロより大きい溶質は，それらの値に応じて移動速度が遅くなり，溶質が固定相表面上の試料を負荷した点(原点という)に留まる場合にR_fは最小値ゼロとなる．

(2) 収着機構

クロマトグラフィーによって分離が行われているとき，溶質は固定相から移動相への移行過程と，移動相から固定相への移行過程を繰り返すため，この分離系は動的平衡状態にあると見なされる．移動相の移動とともに溶質は2相間への分配を繰り返し，分配係数K_Dに対応する平衡に到達しようとする．移動相から固定相への移行過程を収着(sorption)といい，これには，吸着(adsorption)，分配(partition)，イオン交換(ion exchange)，サイズ排除(size exclusion)の基本的機構がある．これらの機構のうちの二つ以上の機構が同時に作用することも多々ある．

(ⅰ) 吸着

吸着は固定相の表面で生じる現象である．表面吸着には水素結合，双極子／双極子相互作用，双極子／誘起双極子相互作用などの静電的な相互作用が含まれる．溶質は吸着剤表面上の限られた数の極性点を移動相と奪い合うことになる．最も広く用いられているシリカゲルの表面にはSi−O−SiとSi−OH(シラノール)基があり，後者は極性であると同時にわずかに酸性であって，低極性から高極性の溶質と容易に水素結合を形成する．一般的な吸着剤を極性の高いものから順に示すと次のようになる．

アルミナ ＞ シリカゲル ＞ モレキュラーシーブ ＞ ケイ酸マグネシウム ＞ セルロース ＞ 高分子樹脂(スチレンとジビニルベンゼンとの共重合体)

溶質は極性が高いほど極性吸着剤表面に強く吸着する．非極性溶質(たとえば飽和炭化水素)は極性吸着剤にほとんど，または全く吸着しないが，分極可能な溶質(たとえば不飽和炭化水素)は，双極子／誘起双極子相互作用によって

弱く吸着する．極性溶質，特に水素結合を形成し得る溶質は強く吸着され，これを脱着(溶離)するには高い極性の移動相を必要とする．

（ⅱ）分配

分配は液液抽出に類似の過程であって，液体固定相は不活性な固体上に薄く塗布されるか化学結合によって固定される．真の分配機構では，溶質は移動相と固定相に対する相対的な溶解度に従って分配されるが，化学結合型固定相の厳密な機構は明らかでない．化学結合型固定相はクロマトグラフィーの全種類で利用されるようになり，固定相をカラム壁に化学結合させていない気-液クロマトグラフィーにおいてのみ純粋の分配機構が見られる．化学結合型固定相については6.3.1項で詳しく述べる．

（ⅲ）イオン交換

イオン交換は，移動相中の溶質イオンが，同じ符号の電荷を持ち，固定相に化学結合された反対の電荷を持った基と会合している対イオン(counter ion)と交換する過程である．固定相は不溶性有機樹脂あるいは化学修飾シリカのような多孔性高分子固体であって，固定した荷電基と可動性対イオンを含んでいる．陽イオン交換体および陰イオン交換体のイオン交換過程は，次式のように表すことができる．

$$陽イオン交換：n\text{R}^-\text{H}^+ + \text{X}^{n+} = (\text{R}^-)_n\text{X}^{n+} + n\text{H}^+ \qquad (6.8)$$

$$陰イオン交換：n\text{R}^+\text{Cl}^- + \text{Y}^{n-} = (\text{R}^+)_n\text{Y}^{n-} + n\text{Cl}^- \qquad (6.9)$$

ここでRは高分子樹脂あるいはシリカを表し，X^{n+}とY^{n-}はそれぞれn価の溶質陽イオンおよび陰イオンである．

イオン交換平衡および選択性は，イオンの電荷，水和の程度，共存イオンやイオン交換体の特性など，様々な因子の影響を受ける．

（ⅳ）サイズ排除

サイズ排除は他の保持機構とは異なり，溶質と固定相との間に特定の相互作用を必要としない．固定相はある範囲の大きさの孔径を持つ多孔性シリカまたは高分子ゲルであって，溶質は分離を行う過程で常に移動相中に留まり，その大きさと形状によって細孔中に拡散する程度が異なるだけである．最大孔径を

超える大きさの溶質は多孔性構造から完全に排除され,移動相と同じ速度で移動する.一方,最小孔径よりも小さな溶質は多孔性構造中に拡散し,最も遅い速度で移動する.中間の大きさの溶質は細孔中への拡散の程度が異なり,最大の溶質と最小の溶質の間の速度で移動する.

(3) ピーク形状と分配等温線

カラム内を移動している溶質の濃度分布は,図 6.2(a) の直線分配曲線で示されるように,溶質の分配係数 K_D がピーク全体の濃度範囲で一定である場合のみ対称(ガウス型)となる.しかし,高濃度領域で溶質の分配係数が変化するために等温線が湾曲する場合は,ひずみ,すなわちテーリング(tailing,図 6.2(b))またはフロンティング(fronting,図 6.2(c))が生じる.

(4) カラム効率と分離度

クロマトグラフィー分離の質の評価には,各溶質のピークバンドの広がりの程度(カラム効率,column efficiency)と隣接するピーク間の分離の程度(分離度,resolution)が用いられる.

カラムクロマトグラフィーに対しては,蒸留塔の理論段の概念に基づく理論

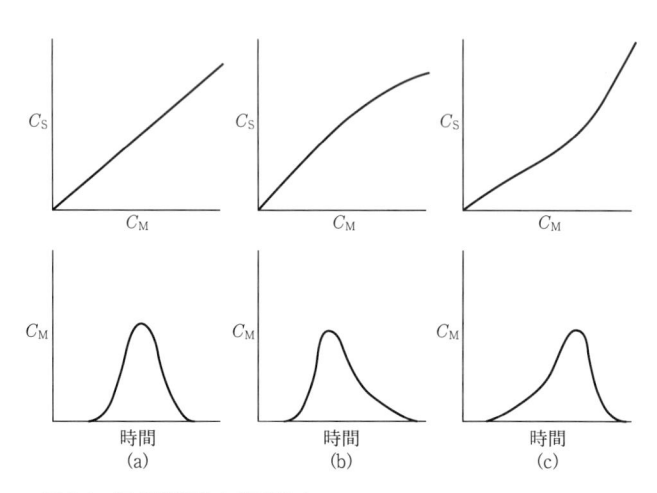

図 6.2 収着等温線と濃度分布
(a) 線形等温線:ガウス型濃度分布 (b) 非線形等温線:テーリング (c) 非線形等温線:フロンティング

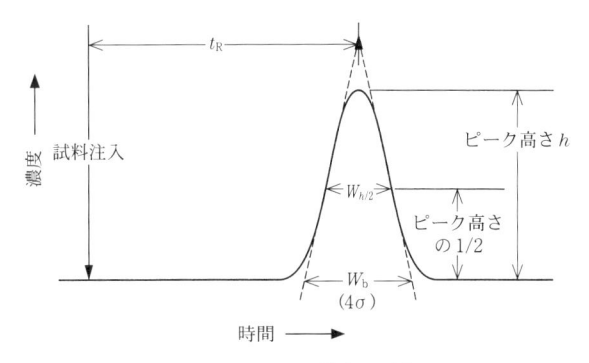

図 6.3 カラム効率の測定

段数(theoretical plate number) N をカラム効率の尺度に用いる．N は，ピークをガウス型と想定し，溶質の保持時間 t_R と標準偏差 σ (図6.3)を用いて次式で定義される．

$$N = \left(\frac{t_R}{\sigma}\right)^2 \tag{6.10}$$

実際にはピークのベースライン幅 W_b または半値幅 $W_{h/2}$ のいずれかを測定する方がずっと簡単であり，式(6.8)から下記の2式が誘導される．

$$N = 16\left(\frac{t_R}{W_b}\right)^2 \tag{6.11}$$

$$N = 5.54\left(\frac{t_R}{W_{h/2}}\right)^2 \tag{6.12}$$

式(6.11)と(6.12)では，計算結果に若干差が生じるので，比較のためには同じ式を用いなければならない．また，N は無次元で，正しく計算するにはすべてのパラメータが同じ単位でなければならない．ガスクロマトグラフィーおよび高速液体クロマトグラフィー(6.3節参照)における理論段数は数千から数十万におよぶ．

カラム効率の別の尺度は，カラムの長さに依存しない理論段高さ(あるいは理論段相当高さ；height equivalent to a theoretical plate, HETP) H であり，次式で与えられる．

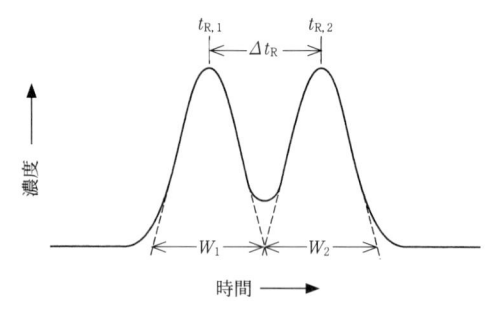

図 6.4　分離度の測定

$$H = \frac{L}{N} \tag{6.13}$$

ここで L はカラムの長さで，mm あるいは cm 単位で表す．

大きな理論段数のカラムは多成分混合物を分離できるが，重要なのは分離度 R_S である．これは，式(6.14)に示すように，2つの隣接するピークの保持時間の差 $\Delta t_R (= t_{R,2} - t_{R,1})$ をそれらのベースライン幅の平均値 $(W_1 + W_2)/2$ で除したものと定義される（図 6.4）．

$$R_S = \frac{2\Delta t_R}{W_1 + W_2} \tag{6.14}$$

カラム効率の式の場合と同様にガウス型のピークを仮定し，R_S が無次元であるので，すべてのパラメータの測定を同じ単位で行わなければならない．なお，R_S の値が 1.5 のとき 2 つのピーク間の谷がベースラインにほぼ達するので，R_S 値 1.5 以上を実用上の分離の目安とする．

（5）ピーク形状とバンドの広がり

クロマトグラフィーのピーク幅は，溶質の物質拡散(mass diffusion)と2相間の物質移動(mass transfer)の速度によって決まる．その機構を模式的に示すと図 6.5 のようになる．物質拡散と物質移動とは相互に依存し複雑であり，これに影響する多くの因子がある．それらは速度論的な因子であるので，移動相が系内を移動する速度によってカラム効率は左右される．これまでにカラム

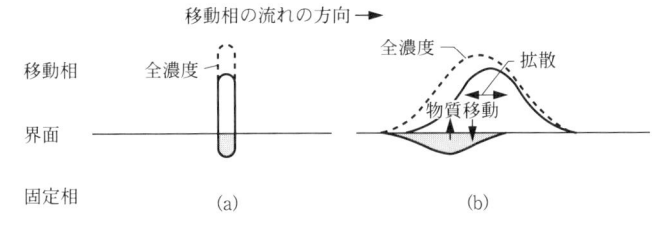

図 6.5 ピーク幅に対する物質拡散と物質移動の影響
(a)分離のはじめにおける溶質の濃度分布　(b)系内をある程度進んだ後の溶質の濃度分布

の理論段高さ H を物質拡散と物質移動とによって表す多くの試みがあるが，最も有用なものは van Deemter および Giddings による次式である．

$$H = A + \frac{B}{\bar{u}} + C\bar{u} \tag{6.15}$$

ここで $\bar{u}$ は移動相の平均線流速 (mean linear flow rate)，A，B，C は物質拡散や物質移動などを含む定数項である．

A は「多流路」(multiple path)の項と呼ばれる．本項は，カラムが固定相粒子で充填されていて，溶質がそこを通過するには種々の経路があり，結果として溶質相互に異なる距離を移動することになって移動時間に幅ができることを表す．この項は固定相粒径を小さくすると減少するが，カラムの長さとともに増加する．

$B/\bar{u}$ は「分子拡散」(molecular diffusion)の項であり，移動相内で局所的な濃度勾配により生ずる溶質分子の拡散に関連し，固定相内の拡散もこの項に寄与する．本項は低流速域で大きな値となり，カラムの長さとともに増大する．

$C\bar{u}$ は「物質移動」の項であり，溶質分子が移動相と固定相の間を移動するのに有限の時間を要することによる．その結果，溶質が系を移動する間に厳密には平衡は成立せず，濃度分布の広がりが生じてしまう．この項の寄与は，固定相粒径が小さい場合には小さく，流速とカラムの長さに比例して増大する．

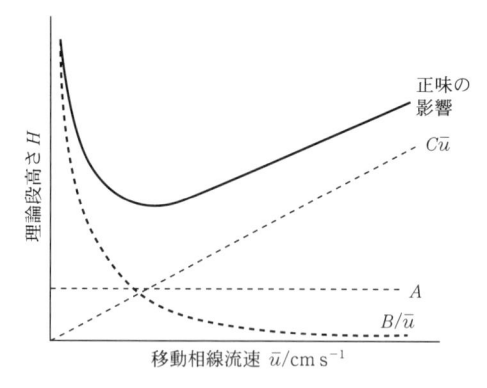

図6.6 移動相線流束の関数としての理論段高さ
と式(6.15)中の各項の影響

　Hの実験値は式(6.15)から得られ，一定条件で移動相の流速の関数としてプロットすると，図6.6に示すように最大カラム効率(最小理論段高さ)を持つ双曲線が書ける．最大効率を与える流速値は溶質によって異なるため，特定の試料についての最も効率のよい流速は，個別でなく全体的な効率によって決まる．また，最大効率は，小粒径の固定相を用い(小さい値のA)，薄く塗布された固定相(小さい値のC)によって得られることも式(6.15)から予想できる．実際の操作条件の選定は，従来の経験に基づいてしばしば半経験的に行われることが多い．式(6.15)は充塡カラムを用いるガスクロマトグラフィーに厳密に適用できるが，類似の式がキャピラリーカラムを用いるガスクロマトグラフィーおよび高速液体クロマトグラフィーについても誘導されている．

(6) 定性分析と定量分析

　クロマトグラフィーによる定性分析には次の3つの方法がある．

(ⅰ) 同じ実験条件下で得た未知物質の保持値と標準(既知物質)の保持値との比較

　カラムクロマトグラフィーでは，保持時間t_Rまたは保持体積V_Rを比較する．平面クロマトグラフィーでは，R_f値を比較する．ただし，別の物質が同じクロマトグラフィー挙動を示すことがあるので，複数の異なる固定相あるい

は移動相で求めた保持値を比較するとよい．

（ⅱ）　試料への既知物質の添加

同じ条件下で 2, 3 回カラム分離を実行する．最初は試料そのものについて，次は既知物質の一つを試料に添加したものについて実験する．最初のクロマトグラムのいずれかのピークが 2 回目のクロマトグラムで増大していれば，そのピークは添加した既知物質のものと推定できる．

（ⅲ）　クロマトグラフと分光器との接続

各種分光器を検出器として接続したカラム分離では，分離した溶質ごとに保持値に加えてスペクトルが得られる．純粋な標準が入手できないときでさえ，未知物質のスペクトルをデータベース中のスペクトルと比較できる．

カラムクロマトグラフィーによる定量分析では，ピーク面積またはピーク高さを定量の尺度に用いる．ピーク面積は，インテグレータの利用，三角形法（ピークを三角形で近似し，(1/2) × 底辺 × 高さ）による計算，チャート記録紙上のピークの切り取りとその質量測定，などで求める．

平面クロマトグラフィーでは，分析成分のスポット面積または密度を薄層上またはろ紙上で測定する．あるいは分析成分を薄層またはろ紙から抽出して紫外可視分光法のような他の分析法で測定する．

6.2　ガスクロマトグラフィー

ガスクロマトグラフィー（GC）は移動相がガスであることからこのように呼ばれ，気-液クロマトグラフィー（gas-liquid chromatography, GLC）と気-固クロマトグラフィー（gas-solid chromatography, GSC）がある．GLC の固定相は高沸点液体で，収着機構は主として分配である．GSC の固定相は固体で，吸着が主な役割をする．試料は揮発性で操作温度において熱的に安定でなければならない．

6.2.1　装置

ガスクロマトグラフの模式図を図 6.7 に示す．

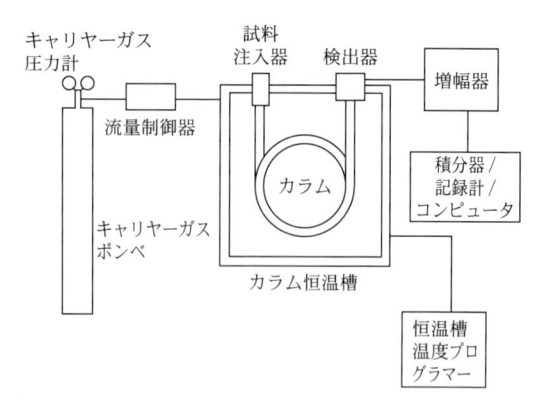

図6.7 ガスクロマトグラフの模式図

（1）移動相と流量制御

移動相すなわちキャリヤーガス(carrier gas)は，ガスボンベから圧力調整器を経てカラムへ送られる．よく使われるキャリヤーガスは窒素，ヘリウムおよび水素で，カラムの種類および用いる検出器によって選択する．

（2）試料注入系

液体試料では必要であれば揮発性溶媒で希釈し，固体では溶液にして1〜10 μL のマイクロシリンジを用いてシリコーンゴム製セプタム(septum)を通して注入する．気体試料では比較的大容積のガスタイトシリンジまたはガスサンプリングバルブを用いる．

充塡カラム(packed column)では，カラムの手前にある加熱ゾーンまたはフラッシュ気化器に液体試料または溶液を注入し，キャリヤーガスにより一定速度で押し流す(図6.8)．

なお，キャピラリーカラムの場合は，分割注入法(split injection)やオンカラム注入法(on-column injection)などの手法を利用して少量の試料を導入する．

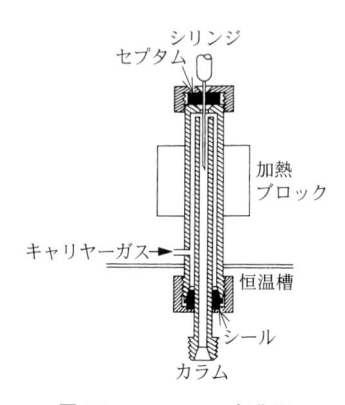

図6.8 フラッシュ気化器

(3) カラム

カラムはステンレス鋼，ガラス，溶融シリカ(石英)管コイルからできていて，長さが1～100 m，内径が0.1～3 mmであるのが一般的である．分離操作中の温度を一定に保つ定温操作と，溶離を速めるために自動的に温度を上昇させる温度プログラム(temperature programming)がある．後者は勾配溶離(graduent elution)の一形態である．

(i) 充塡カラム

充塡カラムは，通常，内径が2～3 mm，長さが2～3 mで，材質はステンレス鋼またはガラスである．GLCカラムは，液体あるいは準液体固定相(下記参照)の薄膜を塗布した不活性担体を充塡したものである．GSCカラムは吸着剤の性質を持つシリカやアルミナなどの固体固定相が充塡されている．代表的な固定相の例を表6.2に示す．

表6.2 ガスクロマトグラフィーに使用される固定相

固定相	操作温度（℃）	代表的な応用例
スクアラン ｝高分子量炭化水素	0－130	飽和炭化水素
アピエゾン-L	50－280	高沸点炭化水素
ポラパック-Q　固体芳香族ポリマー	200	水，軽炭化水素，永久ガス
シリコーンゴム SE 30	50－350	一般有機化合物，ステロイド，殺虫剤
シリコーンオイル DC 550	20－250	一般的有機化合物，芳香族類
フタル酸ジノニル	20－150	エステル，アルコール
こはく酸ジエチレングリコール	20－200	脂肪酸エステル
カルボワックス 20M（ポリエチレングリコール）	60－300	アルコール，アミン，ハロゲンおよび硫黄化合物，精油
【結合相】		
ジメチルポリシロキサン	－60－325	アミン，炭化水素，殺虫剤，フェノール類，PCB，硫黄化合物
フェニル／メチルポリシロキサン	－60－280	グリコール，薬剤，殺虫剤，ステロイド
ポリエチレングリコール	60－220	アルコール，遊離酸
PLOT（Al_2O_3）	最高200	C_1－C_{10} 炭化水素
PLOT（分子ふるい）	最高350	永久ガス
PLOT（炭素）	最高115	He, N_2, O_2, CO, CO_2, CH_4, C_2H_6

【固体担体】

固体担体(solid support)の役目は，充填カラム型GLCで用いられる液体固定相を保持することであって，けいそう土や耐火れんががよく使われ，種々の市販品がある．

【液体固定相】

GC用液体固定相は，非揮発性で，カラムの操作温度において熱的に安定で，試料と反応しないものでなければならない．固定相は，非極性または極性に大別される．非極性タイプには炭化水素，シリコーンオイルおよびシリコーングリースがある．極性タイプには広範な極性のものが含まれ，高分子量ポリエステル，エーテル，カルボワックス，アミンなどがある(表6.2)．

(ⅱ) キャピラリーカラム

一般的なキャピラリーカラムは，長さが5〜50 m，内径が0.1〜0.6 mmである．0.1〜5 μm の液体固定相膜を高純度溶融シリカ(石英)チューブの内壁に塗布したり，化学結合させたものである(内壁塗布オープンチューブカラム；wall-coated open tubular column，WCOTカラム)．カラムの外側にポリイミドまたはアルミニウムを塗布してひび割れやかき傷から保護する．

気-固クロマトグラフィー(GSC)には多孔層オープンチューブカラム(porous layer open tubular column，PLOTカラム)が使用される．これらのカラムは，細かく粉砕したアルミナまたはモレキュラーシーブをシリカチューブ内壁に薄い多孔質層として析出させたものである．

(4) 検出器

GC用検出器は，ガス流の物性，たとえば熱伝導度，フレームイオン化，β線電離電流などが試料成分の存在で変化することを利用する．現在，広く利用されている検出器について以下に解説するが，赤外分光器や質量分析器を検出器とした装置もある．

(ⅰ) 熱伝導度検出器(TCD)

熱伝導度検出器(thermal conductivity detector, TCD)の構造を図6.9に示す．本検出器は加熱された金属フィラメントの対からなり，ホイートストンブ

6.2 ガスクロマトグラフィー

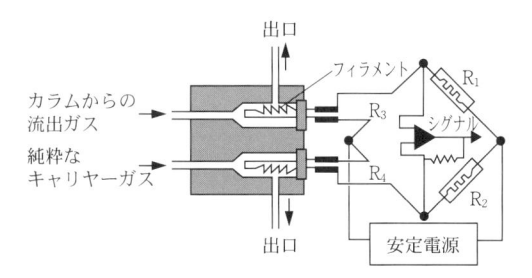

図 6.9 熱伝導度検出器 (TCD)

リッジ回路の2辺を構成する．試料成分の溶出によって試料側経路を流れるガスの熱伝導度が変化し，フィラメントの温度に従って電気抵抗が変わるためブリッジ回路に不均衡シグナルが生じる．このシグナルを記録する．

(ⅱ) フレームイオン化検出器 (FID)

フレームイオン化検出器 (flame ionization detector, FID) の模式図を図 6.10 に示す．カラムから溶出

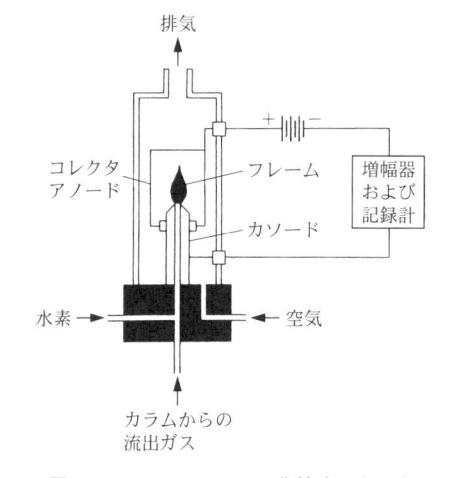

図 6.10 フレームイオン化検出器 (FID)

したガスを水素および空気と混合して燃焼させると試料成分からイオンが生じ，これによって電極間に発生する電流を測定する．

(ⅲ) 電子捕獲検出器 (ECD)

電子捕獲検出器 (electron capture detector, ECD) は β 線イオン化源を用いる検出器で，イオンと自由電子との再結合による電流の減少を測定する．模式図を図 6.11 に示す．窒素キャリヤーガスが検出器を流れると，^3H または ^{63}Ni 放射線源から放出される β 線がキャリヤーガスをイオン化し「遅い」電子を生成する．この電子は 20〜50 V の電位差のもとで陽極の方向へ移動し，定電

図6.11 の周辺ラベル: 捕集電極／電位差 約50 V／窒素出口／^{3}H または ^{63}Ni 放射線源／窒素／キャピラリーカラム

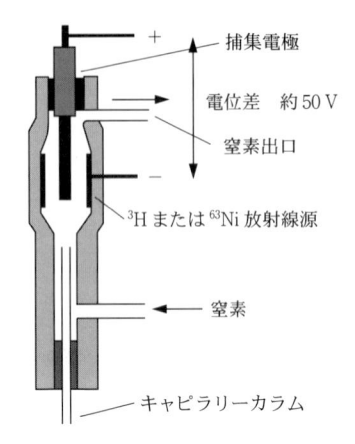

図6.11　電子捕獲検出器(ECD)

流を生じる．電気陰性度の高い溶質がカラムから溶離されると電子の一部が捕獲され，その溶質の濃度に比例して電流が減少する．ECDはハロゲン含有殺虫剤の分析に特に有用で，ピコグラム未満の検出ができるほど高感度である．

6.2.2　ガスクロマトグラフィーの応用

GCの応用例を表6.2(p.131)に示す．GCは，多成分を含む揮発性混合物の迅速分析に特に適し，食品および石油工業でよく利用されている．熱分解誘導体化，ヘッドスペース分析，熱脱着などの手法はGCの適用範囲を拡げ，プラスチック，ペンキおよびゴム工業，ならびに大気汚染物質のモニタリングなどにも広く利用されている．

6.3　高速液体クロマトグラフィー

古典的なカラムクロマトグラフィーは，通常，比較的大きな粒子のシリカまたはアルミナを固定相としたカラムに重力で液体移動相を流し，これに試料を導入するため，分離に長時間を要し，カラム効率が低く多成分分離が困難である．このカラム効率の低さは，固定相と移動相との間の物質移動が遅く，カラムが均一に充填されていないことが主な原因である．1960年代に，微粒子の固定相を均一に充填した高効率のカラム，高圧力でカラムに移動相を送液できるポンプ，専用の試料注入システムや検出器が開発され，これらから構成されたシステムを利用するクロマトグラフィーは高速液体クロマトグラフィー (high-performance liquid chromatography, HPLC) と名付けられた．HPLCは速度，カラム効率，分離能においてGCに匹敵することもあり，本質的にGCより有用である．なぜなら，HPLCは揮発性で熱的に安定である試料に限定されず，固定相の種類は固体吸着剤，化学修飾吸着剤，イオン交換体および

サイズ排除物質におよび，4つのすべての収着機構を利用することができ，また，GCよりも移動相の選択幅が広いため分離の選択性を大きく変えることができるからである．

6.3.1 装置

高速液体クロマトグラフの模式図を図6.12に示す．移動相と接触する部分は，ステンレス鋼，ポリテトラフルオロエチレン(PTFE)，サファイア，ルビー，またはガラスなどの不活性な材料で作られる．

（1）溶媒送液システム

このシステムは溶媒槽，フィルター，溶媒脱気装置，ポンプから構成される．定組成溶離法(isocratic elution)では移動相として1種の溶媒を使用し，クロマトグラフィーの操作中に移動相の組成を変える勾配溶離法(gradient elution)では2〜4種の溶媒をコンピュータ制御のもとに混合して使用する．HPLCのポンプは，一定で再現性のある脈流のない移動相を供給できることが必要である．

定流量往復ポンプは広く使用されている型のもの(図6.13)であるが，ピストンの往復運動により移動相がパルス状に送液されるので，パルスダンパーなどを用いて脈流を除かなければならない．また，ダブルヘッド型のポンプで

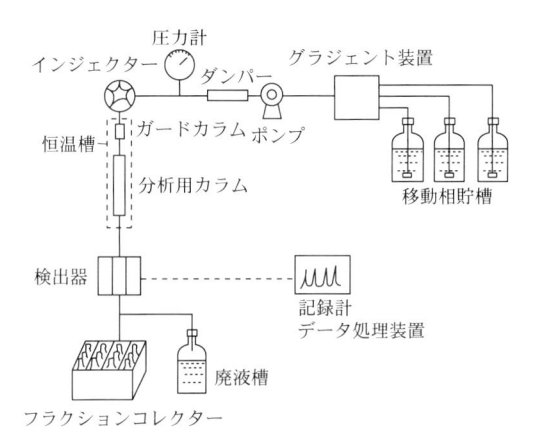

図6.12　高速液体クロマトグラフの模式図

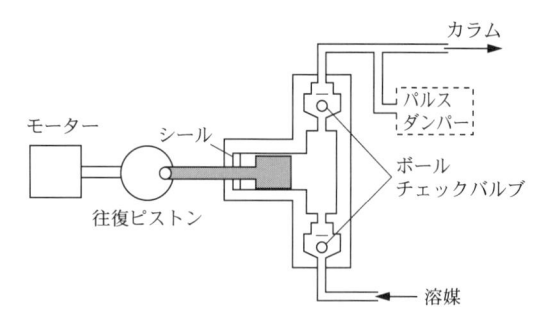

図6.13　シングルプランジャー型往復ポンプ

は，2つのピストンの位相が180°ずれて動作し，共通の溶媒の入口と出口が付いている．

（2）試料注入部

HPLCの試料注入には，主にバルブインジェクターを用いる．図6.14に示すように，バルブはステンレス鋼の本体と回転する中心ブロックからなる．後者には溝が掘ってあり，この溝を通って移動相がポンプからカラムへ流れる．試料はバルブの外側に取り付けられたステンレス鋼のループ中に充填され，その間移動相は直接カラムの方へ流れる．次いで中心ブロックを回転させると移動相の流れはループを通るように方向転換し，試料をカラムの方向へ押し流

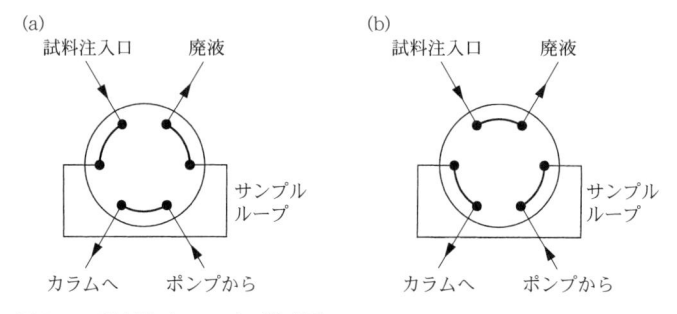

図6.14　試料注入バルブの模式図
　　　　（a）サンプルループに試料を充填　（b）サンプルループ中の試料をカラムに注入

す．ブロックを元の位置に戻すと次の試料注入の用意ができる．試料注入量は交換可能なループで調節する．

（3）カラム

カラムは，一般に滑らかな内壁のステンレス鋼管から作られる．サイズは，長さ 10～20 cm，内径 4～5 mm のものが一般的である．長さ 20～50 cm，内径 1～2 mm のミクロカラムは，試料が少量あるいは溶媒消費量を低減したい場合に利用される．

（4）固定相（カラム充塡剤）

現在，最も広く使用されている充塡剤は，未修飾または化学修飾した微粒子シリカ（粒径：3, 5 または 10 μm）である．吸着に基づく分離には，シラノール（Si－OH）基が存在する極性表面を持つ未修飾のシリカが用いられる．クロロシランまたはアルコキシシランで処理して表面を修飾すると，シロキサン（Si－O－Si－C）結合の生成により結合相（bonded-phase）充塡剤が得られる．現在，最も広く利用されているのは，シリカをオクタデシル（C_{18}），オクチル（C_8）あるいはアリル基で修飾したもので，非極性炭化水素類似の表面を持っている．極性の結合相，たとえばアミノプロピル，シアノプロピル（ニトリル）およびジオール基を持つもの，陰陽両イオン交換物質なども市販されている．

光学活性異性体分離用のキラル（chiral）固定相は，需要が増しつつある．最初に合成されたものは，アミノプロピルシリカにキラルアミノ酸をイオン結合または共有結合させたもので，発明者にちなんで Pirkle 相と呼ばれた．

なお，グラファイトおよびシリカの代用として，スチレン-ジビニルベンゼン共重合体を用いた硬質多孔性高分子ミクロビーズが使用できる．

（5）移動相

HPLC では移動相組成の選択が，クロマトグラフィー性能を大きく支配する．移動相の溶離力は，移動相全体としての極性，固定相の極性，試料成分の特性によって決まる．「順相」分離（normal phase separation；極性固定相／非極性移動相）の場合，溶離力は溶媒の極性の増加とともに増加するが，「逆相」分離（reversed phase separation；非極性固定相／極性移動相）の場合，溶

離力は溶媒の極性の増加とともに減少する．HPLCでよく用いられる極性溶媒は水，メタノール，アセトニトリルであり，非(低)極性溶媒はヘキサン，シクロヘキサン，ベンゼン，ジクロロメタン，クロロホルム，テトラヒドロフランなどである．

2種以上の溶媒(溶液)を連続的に比を変えて混合したものを移動相に用いる勾配溶離法は，試料成分の極性が広範囲にわたるときに用いられる．逆相分離法に広く使用される移動相は，水溶液とメタノールあるいは水溶液とアセトニトリルの混合液であり，順相分離法にはジクロロメタン，クロロホルムまたはアルコールと，ペンタンまたはヘキサンとの混合物がしばしば用いられる．

（6）検出器

HPLC用の汎用検出器は，溶質による紫外光または可視光の吸収を測定するもの，および溶質を含む移動相と純粋な移動相の屈折率の差を測定するものである．

（ⅰ）　紫外／可視光度計および分光光度計

これらの検出器は190〜700 nmの光を吸収する溶質に応答し，その応答はランベルト-ベールの法則に従う．光度計は，ある固定した波長においてのみ使用でき，分光光度計は動作範囲内の全波長において使用できる．分光光度計は，ダブルビーム光学系とマイクロプロセッサーによる制御が採用されていることが多い．なお，この種の検出器は，石英製窓の付いた小体積($10\ \mu L$以下)のフローセルを用いる．

（ⅱ）　ダイオードアレイ検出器

ダイオードアレイ検出器(diode array detector)(図6.15(a))は，光度計や通常の分光光度計よりも多くのスペクトル情報を与える．たとえば，カラムから溶出する成分の紫外領域または紫外および可視領域の完全なスペクトルを記録し，そのスペクトル情報をマイクロコンピュータにより様々に処理して精巧なカラーグラフィックとして表示することができる．図6.15(b)に示す時間／吸光度／波長の三次元クロマトグラムが典型的なものである．このクロマトグラムは，ディスプレイ画面上で回転させて異なる角度から眺めたり，吸光度等

6.3 高速液体クロマトグラフィー　　139

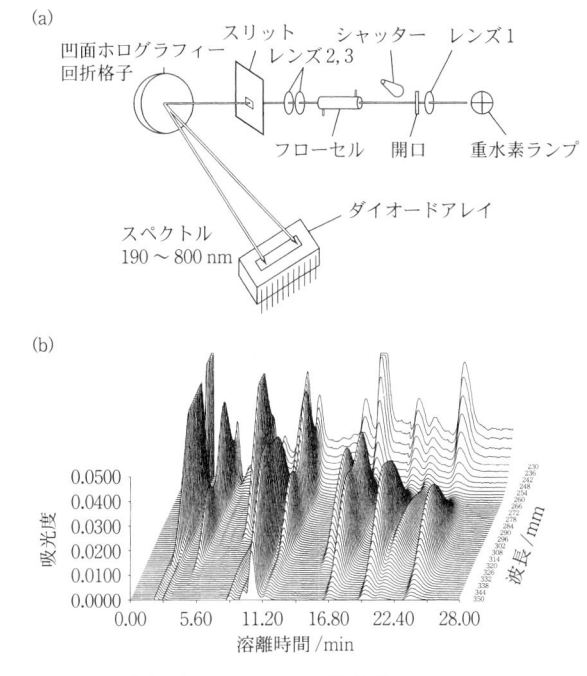

図6.15　紫外ダイオードアレイ検出器
(a)紫外ダイオードアレイ検出器の光路　(b)紫外ダイオードアレイ検出器からの三次元表示

高線図として表示したり，スペクトルを標準物質のライブラリーと重ねて同定したりできる．

(iii)　蛍光検出器

この種の検出器は選択性が高く，高感度検出器に属する．フィルター蛍光計と分光蛍光計とがある．蛍光を発しない分析成分は，クロマトグラフィーに供する前や，分離カラムと検出器との間で蛍光試薬を用いて蛍光性に変換する（これを誘導体化という）．

(iv)　屈折率検出器

屈折率(reflectance index, RI)検出器は，移動相のみ(対照流)の屈折率とカラム流出液(試料流)の屈折率の差を測定する．したがって，移動相に用いる溶

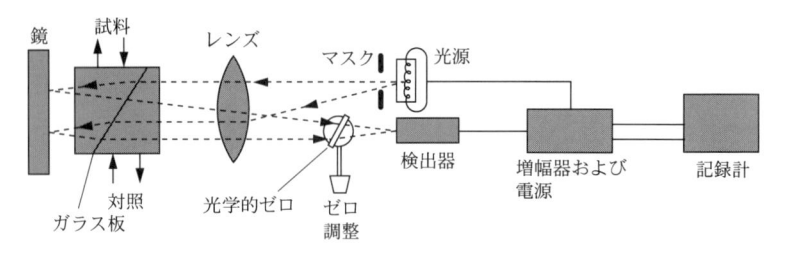

図 6.16　示差屈折率検出器(偏光型)

媒の屈折率を変化させる溶質は何でも検出できるが，いずれの型の RI 検出器も温度の影響を受けやすく，勾配溶離法には利用できない．

RI 検出器の普通のタイプは偏向屈折計(図 6.16)である．ガラス板で斜めに仕切られたセルに可視光を通過させる．移動相のみがセルの両室を流れる間は光電管のシグナルは一定であるが，溶質を含む移動相が試料室を通過すると光線が偏向して光電管に達する光の強度が変化し，この変化が記録計に記録される．

(ⅴ)　電気化学検出器

伝導度検出器は，試料成分がイオン性で，移動相の伝導度が非常に低い場合に使用できる．本検出器は，イオンクロマトグラフィーでもっぱら利用されて

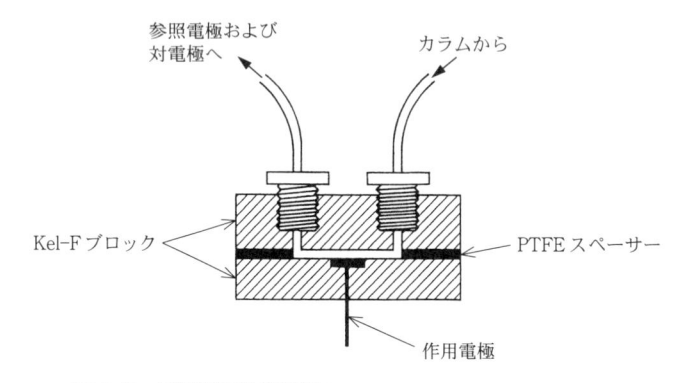

図 6.17　電流測定検出器用セル
　　　　 Kel-F：ポリクロロトリフルオロエチレンの商品名
　　　　 PTFE：ポリテトラフルオロエチレン

いる．

電流検出器は，カラムから溶離された化合物がガラス状炭素，金または白金製ミクロ電極表面において酸化または還元される際に生じる電流を測定する．セルはカロメル参照電極と補助電極を備えている．移動相は，酸化還元反応の支持電解質として働き，主として水を含む混合溶媒に限定される．本検出器にはいくつかのタイプがある．一例を図6.17に示す．

6.3.2 高速液体クロマトグラフィーの応用

HPLCは4つの収着機構すべてを利用でき，ステロイド・炭水化物・ビタミン・染料・殺虫剤・ポリマーのような様々な化合物の分離，医薬製品の評価，体液中の薬物および代謝物のモニタリング，薬理学的・生化学的応用および薬物の検出のような法医学的応用などに適用されている．なお，固定相と移動相の選択は，主として分離対象成分の分子量，溶解特性ならびに極性を考慮して行う．

6.4 イオンクロマトグラフィー

6.4.1 装置

無機および若干の有機の陰イオンと陽イオンの分離には，イオン交換クロマトグラフィーの一形式であるイオンクロマトグラフィー（ion chromatography, IC）が汎用されている．本法では，イオン交換樹脂を充填したカラム，伝導度検出器（conductivity detector），溶離液成分のイオン種を除去するサプレッサー（suppressor）を主要構成要素としている（図6.18）．分離にはペリキュラー（pellicular）型（図6.19）陽イ

図6.18 イオンクロマトグラフの構成例

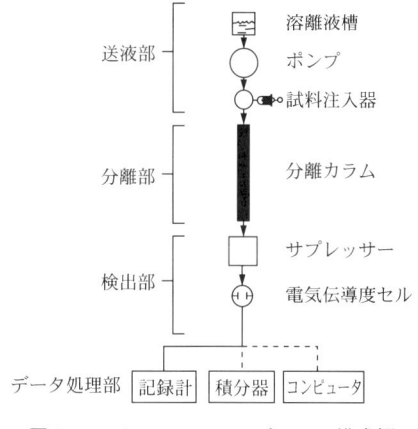

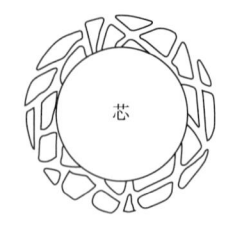

図 6.19 ペリキュラー型イオン交換体
粒子の表面にイオン交換基を持つ.

オン交換樹脂または陰イオン交換樹脂を充塡したカラムを用い，水酸化ナトリウムまたは炭酸水素ナトリウム／炭酸ナトリウム(陰イオン分析用)，あるいはメタンスルホン酸(陽イオン分析用)を溶離液として用いる．カラムからの溶出液がサプレッサーを通る際，溶離剤として用いられた電解質は水または水と二酸化炭素に変換されて除去される．これによって分析成分イオンが主なイオン種として残り，伝導度検出器によって非常に低濃度(ppm 以下)まで検出できる．

陰イオンの分離に用いられるペリキュラー型強塩基性陰イオン交換樹脂は，不活性非多孔性中心核の表面に陰イオン交換樹脂の微小粒子層が固定されたもので，表面層内の物質移動は非常に速い．そのため，このカラムは交換容量が小さいが，高いカラム効率を持つ．サプレッサーは H^+ 形の多孔性高分子陽イ

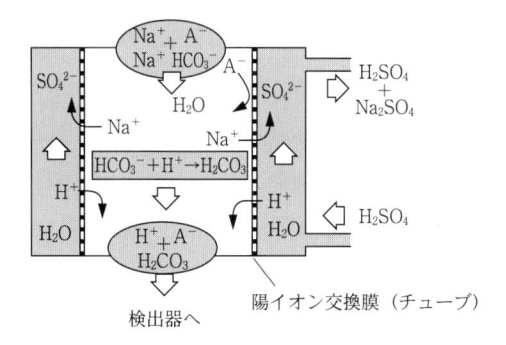

図 6.20 陰イオン分析用ファイバーサプレッサー
Na^+ を H^+ と交換する．A^- は分離対象の陰イオンを示す．

オン交換膜を含むカートリッジであり，溶出液中の Na^+ を H^+ で置換することができ，OH^- との結合によって水を生成させる(図 6.20)．膜から H^+ がなくなると外部の酸性溶液から H^+ が補給され，外部溶液中へ通り抜けた Na^+ は除去される．陽イオンの分離には H^+ 形のペリキュラー型陽イオン交換樹脂が用いられ，サプレッサーには陰イオン交換膜が利用される．なお，最近，電解セルを組み入れた小型の「自己再生」サプレッサーカートリッジが利用できるようになった．

6.4.2 イオンクロマトグラフィーの応用

イオンクロマトグラフィーは，表層水・工業廃水・食品・調合薬・臨床試料中の ppm レベルの塩化物・臭化物・フッ化物・硫酸塩・硝酸塩・亜硝酸塩およびリン酸塩など無機陰イオンの分離と定量に主として利用されてきている．その他，有機の酸および塩基・アルカリ金属・アルカリ土類金属・遷移金属の分析にも適用されている．

6.5 サイズ排除クロマトグラフィー

サイズの異なる分子は，多孔性架橋高分子ゲルの固定相に試料溶液を通すことによって分離できる．ゲルの細孔は，ある臨界サイズより大きな分子を排除するが，小さな分子は拡散によってゲル細孔中に浸透することができる．この過程を利用するクロマトグラフィーは，ゲル浸透クロマトグラフィー(gel permeation chromatography)，ゲルろ過クロマトグラフィー(gel filtration chromatography)，あるいはサイズ排除クロマトグラフィー(size exclusion chromatography)と呼ばれる．ゲル細孔から排除された分子は，ゲル細孔中に拡散できる小さな分子より短時間でカラムを通り抜ける．したがって，混合物中の成分はサイズまたは分子量が大きなものから順に溶出する．

6.5.1 ゲルの構造と特性

本法では，水溶媒および他の極性溶媒での分離には親水性ゲルが，非極性溶媒または低極性溶媒での使用には疎水性ゲルが，カラム充填剤として用いられる．バイオゲル(Bio-Gel®：アクリルアミドと N, N'-メチレン-ビスアクリル

アミドの共重合体)とセファデックス(Sephadex®：エピクロロヒドリンで架橋したデキストラン)は代表的な市販の親水性ゲルである．架橋によって三次元網目構造を作り，架橋度を変えて細孔サイズの範囲を制御し，異なる分子量範囲の試料を分別するゲル粒子を作る．アガロース(寒天)ゲルは架橋されておらず例外的に大きな細孔を持ち，2×10^8 までの分子量範囲の分離ができる．

疎水性ゲルとしては，スチレンとジビニルベンゼンとの共重合体が代表的で，ジビニルベンゼンが架橋剤となっている．デキストランをもとにしたゲルは，水酸基のアシル化またはアルキル化によって疎水性にすることができる．なお，制御した細孔サイズの多孔性ガラスとシリカゲルは硬くて非圧縮性であり，移動相を加圧する分離において特に有用である．

6.5.2　分離過程

分離過程は，ゲルから完全に排除される分子はゼロの分配比を持ち，ゲル細孔のすべてに浸透できるほど小さい分子は1の分配比を持つ分配系に似ている．分子サイズまたは質量がゲルの分別領域内に入る溶質については，すなわち分配比がゼロと1の間にある溶質については，保持体積は分子量の対数とほぼ直線関係にある(図6.21)．ゲルから完全に排除される分子はカラムの間隙体積または死体積に等しい保持体積で溶出する．ゲル細孔のすべての部分に自由に侵入する分子は，"死体積 + ゲル粒子内液体の体積"に等しい保持体積で溶出する．カラムは分子質量既知の物質を溶離して校正する．

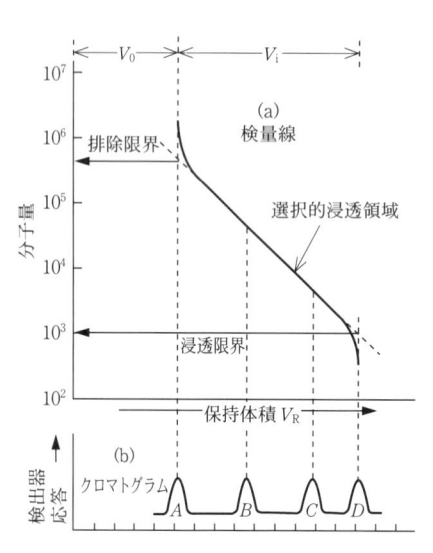

図 6.21　サイズ排除クロマトグラフィーの検量線とクロマトグラム

6.5.3 サイズ排除クロマトグラフィーの応用

生化学やポリマー系成分の分子量分布は，標準物質を用いて 10 % の正確さで決定することができる．簡単な分子と高分子の両方が電解質溶液中に存在する生化学物質では，本クロマトグラフィーを脱塩(desalting)に利用して高分子を単離する．無機塩と小さな分子は，ペプチド・タンパク質・酵素・ウイルスなどの物質が溶出したずっと後に溶出する．

6.6 超臨界流体クロマトグラフィー
6.6.1 超臨界流体の特性

超臨界流体クロマトグラフィー(supercritical fluid chromatography, SFC)は，気体と液体の中間の性質を持つ超臨界流体を移動相に用いる，比較的新しいクロマトグラフィーである．超臨界流体は，気体または液体を臨界値を超える温度と圧力のもとにおくと生じる．超臨界流体の密度，粘度，溶質の拡散係数などの特性は気体と液体の特性の中間にあり，温度と圧力によって変わる．圧力を増すと超臨界流体は液体に近くなり，密度と粘度は増大し，溶質の拡散係数は減少する．今までに SFC で使われている主な超臨界流体は，二酸化炭素，一酸化二窒素，アンモニアであるが，二酸化炭素が最も広く利用されている．

6.6.2 装置

SFC 用に開発された装置は，GC 装置と HPLC 装置の双方を基礎としている．装置構成の例を図 6.22 に示す．超臨界流体は HPLC ポンプを改良したものによりカラムに送られる．カラムは，GC で利用されている化学結合型固定相の細いキャピラリーカラムまたは充填逆相 HPLC カラムである．カラムは恒温槽に入れ，温度プログラミングは用いず，圧力プログラミングを勾配溶離の形態としてしばしば採用する．分離の間に圧力を増加させると，超臨界流体の密度が高まり，したがって流体の溶解力を増すことになり溶離が促進される．二酸化炭素は非極性移動相であるので，極性混合物を分離する場合にはメタノールまたはグリコールエーテルなどの極性物質を修飾剤(モディファイア,

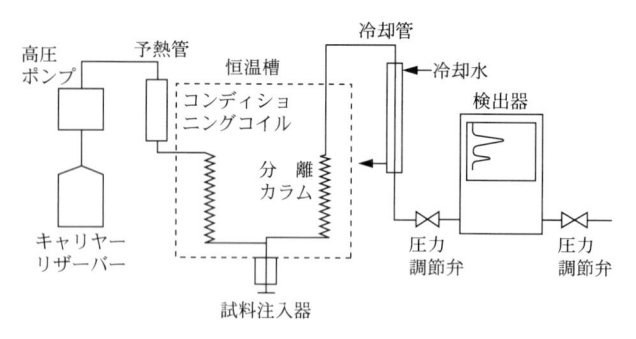

図 6.22 超臨界流体クロマトグラフィーの装置構成

modifier)として少量加える．

SFC では GC と LC の両方の検出器を利用することができる．

6.6.3 超臨界流体クロマトグラフィーの応用

SFC の応用例には，炭化水素，トリグリセリド，分子量の比較的大きい熱不安定化合物の分析がある．SFC が GC に優る点は，低い温度で混合物を分離できること，HPLC より優る点は，迅速な物質移動(大きな溶質拡散係数)によってカラム効率がよいこと，質量分析計および FT-IR との結合が容易であることである．検出器の選択の幅が広く，圧力プログラミングによって保持時間の制御が容易なことも SFC の特徴である．

6.7 平面クロマトグラフィー

6.7.1 薄層クロマトグラフィー

薄層クロマトグラフィー(thin-layer chromatography, TLC)は，ガラス板，プラスチックあるいはアルミニウムのシート上に厚さ 0.2 mm 程度に塗布されたシリカゲル，アルミナ，化学修飾したシリカゲル，イオン交換物質あるいはゲル浸透物質などを固定相として分離を行う．

（1）操作

試料溶液を，ガラスキャピラリーあるいはマイクロピペットにより薄層プレートの端の近くにスポット(点)または帯状に負荷し，風乾する．次いで薄層プ

レートを密閉容器(これを展開槽という．図6.23参照)に入れ，移動相を試料を負荷した方の端から他端へと移動させる．この操作を展開と呼ぶ．また，展開槽内が移動相溶媒の蒸気で飽和されていると分離の再現性がよい．展開の過程で試料成分はそれらの分配比に応じた速度で薄層を横切って移動し，スポットまたは帯(バンド)となって分離される．分離成分の R_f 値を計算するために溶媒の移動距離を測定する必要があり，溶媒先端がプレートの反対側の端に到達する前に展開を止める．展開後，着色物質は薄層上で直ちに見ることができるが，無色の物質は発色試薬を噴霧して検出したり，紫外線ランプ下での蛍光，放射性トレーサーなどを利用して検出する．

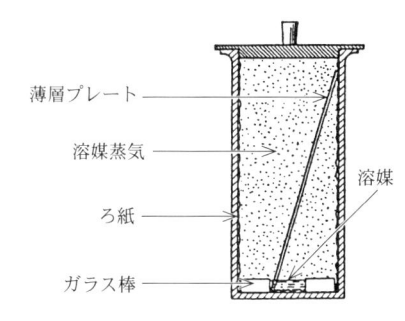

図6.23 薄層クロマトグラフィー用展開槽

複雑な混合物および類似の R_f 値の成分を含む混合物の場合は，二次元的に展開するとよい．すなわち，試料を薄層プレートの一隅に負荷し，最初の溶媒で展開する．薄層プレートを完全に乾燥したのち，最初の展開方向に対して直角方向に第二の溶媒で展開する．

様々な吸着剤を塗布した既製の薄層プレートが市販されているが，比較的高価である．必要に応じて市販の塗布装置を用いて薄層プレートを自作することもできる．

TLC関連の技術が進歩し，ナノリットル量の試料で定性・定量分析ができる高品質の薄層プレートと展開装置が市販されるに至り，これは高性能TLC (high-performance thin-layer chromatography, HPTLC)と呼ばれている．

（2）薄層クロマトグラフィーの応用

TLCによる定性分析では，等しい条件で実験した標準物質と未知試料の R_f 値を比較したり，分離した未知成分を薄層から抽出して，質量分析，NMRなどによって同定する．従来，TLCは主として定性分析に利用されている．

TLCで定量する場合，物質の質量とスポット面積の対数または平方根との直線関係を利用する．また，反射光測定による光吸収を利用したり，分離した物質をプレートから掻き取って溶媒に溶かし，適切な分光法により定量することができる．

6.7.2　ペーパークロマトグラフィー

　ペーパークロマトグラフィー(paper chromatography, PC)は，ろ紙を固定相または固定相担体として用いる液体クロマトグラフィーの一種であり，装置と操作法が非常に簡単である．

　一般的な操作法は次のように行う．まず，少量の試料溶液を，短冊状または角型のろ紙の一端付近にTLCの場合と同様に負荷する．これを乾燥させた後，密閉容器内でろ紙の試料溶液を付けた方の端を移動相溶媒に浸すと，溶媒が毛管現象によってろ紙を上昇する．溶媒の先端がろ紙の上端近くまで達したら，ろ紙を容器内から取り出し，溶媒先端に印を付けてから乾燥する．試料成分の検出はTLCの場合とほぼ同様に行うことができるが，硫酸のような腐食性の試薬は使用できない．R_f値を用いて定性分析を行う．

　ろ紙はセルロースの繊維からできており，多量の水を含んでいる．したがって，PCの分離機構は，主としてろ紙に保持された水と移動相溶媒との間の分配であるが，溶質のろ紙表面への吸着，セルロース中にわずかながら存在するカルボキシ基によるイオン交換なども寄与する．

　現在では，セルロースのみのろ紙以外に，ジエチルアミノエチル基，カルボキシメチル基あるいはリン酸基を導入したイオン交換ろ紙，シリコーンオイルをしみ込ませた逆相クロマトグラフィー用シリコン処理ろ紙など，種々のろ紙が使用できる．

6.8　電気泳動法

　電解質溶液に陽極と陰極の一対の電極を浸して電圧をかけると，溶液中のイオン性化学種はそれらと符号の異なる電極へ向かって固有の速度で移動する．この現象を利用するのが電気泳動法(electrophoresis)である．各化学種の移動

6.8 電気泳動法

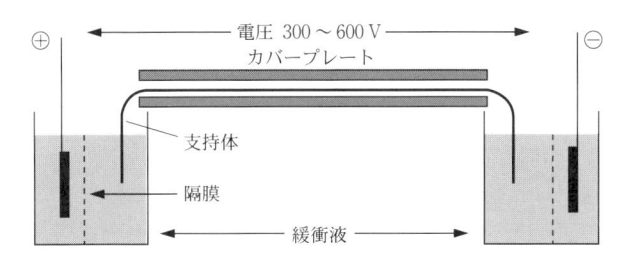

図 6.24 ゾーン電気泳動の装置構成

速度は，その電荷と形と大きさで決まる．従来のゾーン電気泳動法(zone electrophoresis)では，ろ紙あるいはカラム状にしたゲルの不活性多孔質支持体に電解質溶液を保持させ，支持体の両端から直流電圧をかけると，最初に中央にあった試料の各成分が帯状（バンド）あるいはスポットとして分離される．そこに発色試薬を噴霧したり，染料で着色するなどの検出法を利用して，各成分を視覚化する．このようにして得た各成分の位置関係を示した図をエレクトロフェログラム(electropherogram)と呼ぶ．ゾーン電気泳動装置の概略を図6.24に示す．電気泳動法は単一の相，すなわち支持体に保持されている電解質溶液の固定相のみからできているので，クロマトグラフィーとは異なる．高速キャピラリー電気泳動法(high-performance capillary electrophoresis, HPCE)は比較的最近に開発され，強力な分離技術として重要さを増している．

6.8.1 ゾーン電気泳動法

(1) イオンの移動に影響する因子

電解液に溶解あるいは懸濁している荷電化学種に均一な電位勾配をかけると，化学種は直ちに一定の速度で動く．陽イオンはカソード（陰極）の方向に，陰イオンはアノード（陽極）の方向に移動し，電気的引力と，化学種が電解質溶液中を移動するときの摩擦力とが釣り合ったとき，移動速度は一定の値になる．移動度 μ(electrophoretic mobility)は，各化学種の電荷と大きさと形，ならびに電解液の粘度によって決まる．一定電位勾配を一定時間印加したとき，移動度 μ の化学種が移動する距離 d は，

$$d = \mu t \frac{E}{S} \quad (6.16)$$

となる．ここで，t は印加時間，E は印加電圧，S は電極間距離である．通常，50〜150 V の電圧を 10〜20 cm の距離に印加する．移動度 μ_1 と μ_2 の 2 つの化学種は，時間 t の後に

$$d_1 - d_2 = (\mu_1 - \mu_2) t \frac{E}{S} \quad (6.17)$$

だけ相互に離れて分離される．

（2）温度，pH，イオン強度の影響

移動度と拡散速度は温度とともに増大するので，各成分を狭いバンドとして分離するには温度を緻密に制御する必要がある．多くの化学種，特に，有機化合物の正味の電荷や移動度は pH に依存する．分離中の各成分の移動速度を一定に保つためには，緩衝液を電解液に入れる．緩衝液を加えないと弱酸や弱塩基のように一部解離した化合物では泳動中にイオン濃度が変化し，pH に変化が生じる．

移動度は塩濃度の増加とともに減少するので，全イオン強度をかなり低く (0.01〜0.1 M) 保たなければならない．さらに，高濃度の電解質溶液では，大電流が流れ，熱が発生して分離が妨げられる．

（3）電気浸透流

陽イオンや陰イオンが各電極に向かって移動するとき，各イオンは水和水を伴って移動する．通常，陽イオンの方が陰イオンよりも水和が多いので，分離中は水の正味の流れは陰極の方向となる．この水の流れは電気浸透流 (electroosmotic flow, EOF) といい，試料を負荷した位置に留まるはずの電気的中性化学種を移動させる．EOF は，後述する高速キャピラリー電気泳動法では重要な役割をする．

（4）支持体

支持体としては電解質溶液に不活性で多孔質なろ紙，セルロースアセテートならびに種々のゲルが一般的であるが，寒天やポリアクリルアミドゲルが最も

広く使われている．ポリアクリルアミドゲルの架橋度を変えて電気泳動法に使用すると，分子の大きさによる分別が移動過程に組み込まれる．

（5）分離した成分の検出

分離成分の検出には予備乾燥の後，発色試薬を噴霧するか浸すかして成分を発色させる．

（6）ゾーン電気泳動法の応用

本法は主として定性分析の手法であり，再現性ある定量的データを得ることは困難であるが，生物活性な物質を分析するのに広く利用されている．この方法で分離しやすいものは，タンパク質，核酸，酵素，ウイルスや薬物である．そのため電気泳動法の重要な応用分野は，臨床検査や裁判科学捜査である．特に，血清，尿，胃液などを調べるのに適している．

6.8.2 高速キャピラリー電気泳動法

（1）分離の原理

高速キャピラリー電気泳動法(HPCE)あるいはキャピラリー電気泳動法(capillary electrophoresis, CE)は，溶融シリカのキャピラリーあるいはカラムを用いる高電圧電気泳動装置と，HPLCと同様な検出器を用いる（図6.25）．細管の端に注入された混合物成分は，各成分の移動度に従って電場(電位勾配)のかけられた細管中を移動し，検出器を通過すると，クロマトグラフィーのピークと同様な鋭い応答信号が得られる．応答信号を時間の関数として記録する

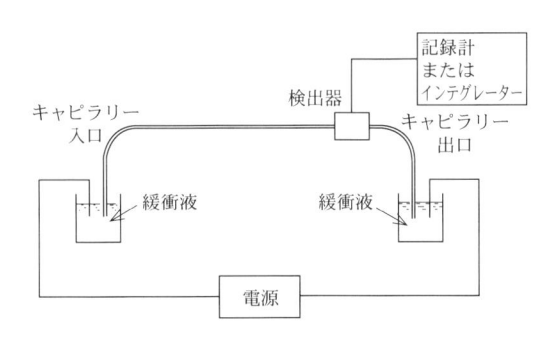

図6.25　キャピラリー電気泳動の装置構成

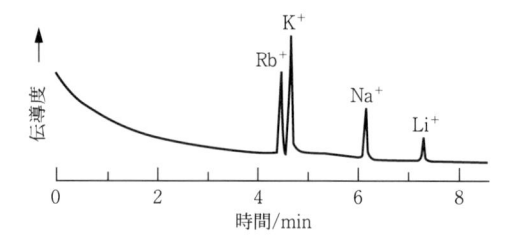

図 6.26　Rb$^+$, K$^+$, Na$^+$, Li$^+$ 混合物のエレクトロフェログラム
金属濃度：2×10^{-5} M，キャピラリー内径：75 μm，同長さ：60 cm，緩衝液：20 mM 2-(N-モルホリノ)スルホン酸／ヒスチジン(pH 6)，印加電圧：15 kV(X. Huang ら：*Anal. Chem.*, **59**, 2749(1987)から改変).

と，高効率 HPLC のクロマトグラムに似たキャピラリーエレクトロフェログラム(capillary electropherogram)が得られる(図 6.26)．理論段数として測定される効率は 10^6 以上に達する．この高効率は，第一に，本法では物質移動あるいは多流路効果によってピークが広がることはなく，バンドを広げる唯一の機構は分子拡散あるいは軸方向の拡散であること，第二に，後述する電気浸透効果で平面流を生じるからである．効率(理論段数) N は，次式で与えられる．

$$N = \frac{d^2}{2Dt} = \frac{\mu E d}{2D} \tag{6.18}$$

ここで，D は溶質の拡散係数，d はキャピラリーの試料注入端から検出部までの長さ(有効長)，t は溶質が d を移動する時間(移動時間)，μ は移動度(電気浸透移動度と電気泳動移動度の和)，E は印加される電位勾配(電場)である．したがって，高い印加電圧，短い分離時間，小さい拡散係数のとき，最高の効率が得られる．

シリカキャピラリーの内表面にあるシラノール基(Si−OH)は pH 4 以上の水溶液と接触して解離し，負の電荷を持つ．その結果，電荷のバランスを保つため，陽イオンが壁の近くに集まり電気的二重層を形成する．高電場をかけると，多くの水を伴った陽イオンが陰極の方に引かれるので，明瞭な電気浸透流

6.8 電気泳動法

```
              キャピラリー壁
    ─────────────────────────────
    ⊖⊖⊖⊖⊖⊖⊖⊖⊖⊖⊖⊖⊖⊖
    ⊕⊕⊕⊕⊕⊕⊕⊕⊕⊕⊕⊕⊕⊕
 [+]              → 電気浸透流   [−]
    ⊕⊕⊕⊕⊕⊕⊕⊕⊕⊕⊕⊕⊕⊕
    ⊖⊖⊖⊖⊖⊖⊖⊖⊖⊖⊖⊖⊖⊖
    ─────────────────────────────
```

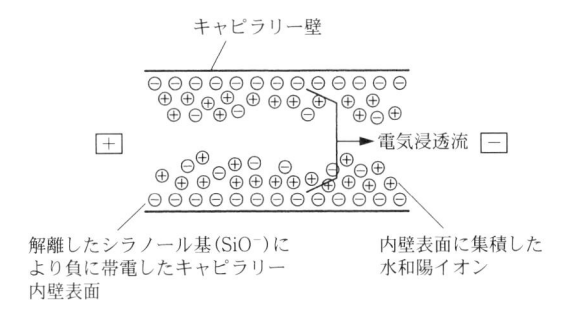

解離したシラノール基(SiO^-)により負に帯電したキャピラリー内壁表面　　内壁表面に集積した水和陽イオン

図 6.27　電気浸透流の発生原理

(EOF) が生じる (図 6.27). 陽イオン, 陰イオン, 中性分子のいずれの化学種も EOF によって陰極の方向に運ばれ, 検出セルを通って陰極に達する. キャピラリー壁で EOF が発生するので, キャピラリー中に本質的に平面的な流れが生じ, その結果, バンドの広がりが最小限となって非常に高い効率が得られる.

（2）装置と操作

HPCE システムの概略は図 6.25 に示すとおりである. 一般に溶融シリカキャピラリーは, 長さ 50～75 cm, 内径 25～100 μm, 外径約 400 μm で, 外側をポリイミドの層で保護している. キャピラリーに 10～30 kV の電圧をかけると, 長さ方向の電場は 100～500 V cm^{-1} となる. キャピラリーの陰極側に設置する検出器の最も一般的なものは, 紫外吸光検出器か蛍光検出器であり, ダイオードアレイ検出器を用いることもある. 検出セルは, キャピラリーの一部であり, キャピラリーの外側を覆っているポリイミド保護膜をはがし取って光源からの光線が通過するようにしたものである. HPCE の絶対検出限界は非常に低く通常 10^{-20}～10^{-13} g であるが, 吸光セルの光路長が非常に短い (25～100 μm) ため, 濃度検出限界は HPLC と同等か劣ることもある.

蛍光検出器は紫外吸光検出器より 10^4 倍以上感度が高い. 特にレーザーを励起光に用いると, 検出限界は 10^{-21}～10^{-20} mol 程度となる. また, HPCE 用の電気化学検出器や質量分析検出器も設計されている.

試料は，キャピラリーの一端から数～数十 nL 程度を導入する．その方法はいろいろ提案されていて，試料溶液中にキャピラリーの一端を入れて試料溶液を加圧して導入する方法，他端から吸引する方法，サイフォンを利用する方法，他端との間に電圧をかけて電気浸透流と電気泳動によって導入する方法などがある．

（3）高速キャピラリー電気泳動法の種類とその応用

HPCE には操作上いくつかの様式があるが，ここでは代表的な二つの様式について解説する．

キャピラリーゾーン電気泳動法(capillary zone elcctrophoresis, CZE)は，自由溶液キャピラリー電気泳動法(free-solution capillary electrophoresis, FSCE)ともいわれ，最も単純で現在広く利用されている．キャピラリーに均一な緩衝液を満たし，種々の化学種はその中を各移動度に応じた速度でゾーンとなって移動する．しかし，同じ電荷を有する化学種と反対の電荷を有する化学種は相互分離することができるが，すべての中性化学種は単一のゾーンとなって EOF と同じ速度で移動する．本法では，主として緩衝液の組成，pH およびイオン強度の選択により選択性を制御し，分離を最適化する．一般にイオン強度が低く，pH が高いとイオンは速く移動し，高効率で迅速分析ができる．EOF は，溶質の電荷と同様に pH の関数になるので，有効な緩衝液の選択が必須となる．

CZE は，アミノ酸，ペプチド，タンパク質を HPLC よりもより高効率，高分解能，高速で，しかもナノグラム(ng)からピコグラム(pg)のレベルで完全に分離できる．本法の利用が増大している分野は，ペプチドのマッピングやタンパク質のフィンガープリンティング，血液，血漿，尿のような体液中の薬物や代謝物の検出，水溶液試料中の無機陽イオンと陰イオンの定量である．

ミセル動電キャピラリークロマトグラフィー(micellar electrokinetic capillary chromatography，MECC または MEKC)は，イオン性化学種はもちろんのこと中性化学種も分離できる点で CZE よりも適用範囲が広い．緩衝液に添加した界面活性剤は，分子あるいはミセルの球状凝集体を形成し，溶質化学

種と疎水性作用や静電的相互作用をするため，クロマトグラフィーの収着機構と類似している．界面活性剤分子の疎水性末端はミセルの中心に向かって配向し，極性基すなわちイオン性親水基末端は外側に向き，荷電した表面を形成して緩衝液に接している．通常，ミセルは正または負の電荷を持っているので，電気泳動中に移動する．しかし，緩衝液が中性か塩基性であると，EOF によってすべての化学種は陰極の方向に移動し，CZE と同じように検出器を通過する．中性溶質は，クロマトグラフィーでの分配と同様に様々な度合でミセルと相互作用し，異なった移動度を示す．溶質化学種が疎水性になるほど，ミセルと強く相互作用するかミセル中に分配される．

　MECC は，環境問題で注目されている物質，医薬品，薬物，核酸を主な対象として多くの分野で応用されている．なお，キラルの界面活性剤やキラルの添加剤を使用してキラル化合物を認識することもできる．

第7章 表面分析

　機器分析の中でも，いわゆる表面分析(surface analysis)と呼ばれる分野は新しい領域であり，現在もなお急速に進歩しているといえる．機能性物質と総称されるような新しい高度な機能を持つ物質が開発されるようになると，単に対象物質全体の性能・性質を調べるだけでは不充分で，局所部分や表面ないし表面近傍といった領域の性質を知る必要が生じるようになった．事実，これらの特殊な一部の性質が，その物質全体の性能や価値を決めてしまうような事態が多く現れるようになった．そのため，これら対象物質に電子線や粒子線を照射して励起させ，その結果発生する電磁波ないし飛散物質を解析する分析法が発展したのである．最近はエレクトロニクスやコンピュータ技術が長足の進歩を示し，これらの作業を支援して分析の技術は飛躍的に向上しつつある．

　しかしながら，一方で，もともと高価で複雑な装置がますますその傾向を強め，一般の研究室単位では維持管理することが困難となり，通常の化学分析者が気軽に扱えるものでなくなっているのも事実である．

　本章では，このような装置の中で，よく利用される代表的ないくつかを紹介する．

7.1 電子プローブマイクロアナリシス(EPMA)

　細く絞った電子ビームを試料表面に照射し，その部分から放射される特性X線の波長と強度を測定し，その微小部に含まれている元素を定性または定量分析する．

　通常はEPMA(electron probe X-ray microanalysis)と呼ばれるが，XMA(X-ray microanalysis)と呼ばれることもある．原理的には蛍光X線法とよく似ているが，これは励起源がX線であるのに対し，EPMAでは径が$1\,\mu m$以

7.1 電子プローブマイクロアナリシス

下に絞られた電子線を照射するので，相応の微小領域の分析が可能となる．歴史的には，すでに Moseley が 1913 年頃このような分析法の可能性について言及しているが，現代的意味ではフランスの Castaing(1949) によるものが初めといえる．

7.1.1 装置

電子ビームを物質に照射すると，図 7.1 に示されるようにいろいろな信号が発生する．電子線は通常 1 μm 径以下に絞って照射するので，信号も表面付近の〜3 μm 程度の領域から発生する．装置の概略を図 7.2 に示す．熱したフィラメントから出る熱電子を 20〜50 kV の高電圧で加速し，電子レンズで集束して試料表面に照射する．

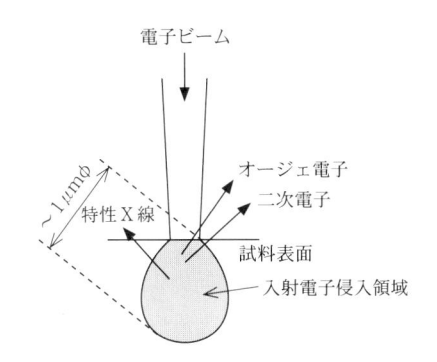

図 7.1 電子ビームの照射と信号発生

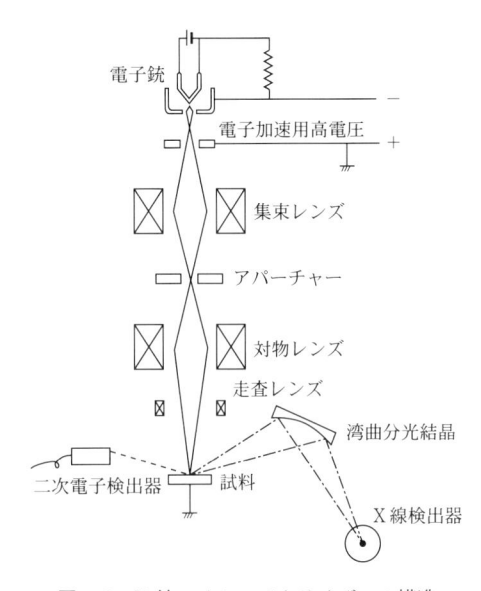

図 7.2 X 線マイクロアナライザーの構造

試料から発生した X 線の中から，目的元素の特性 X 線を X 線分光器で分光し，X 線検出器で強度を測定する．

　試料に照射される電子ビームは，集束レンズ，対物レンズ，走査レンズなどの電子レンズによりコントロールされる．また試料をのせるステージは，コンピュータ制御により高精度で移動させることができるようになっている．

　X 線分光器には，波長分散型(WDS)とエネルギー分散型(EDS)があるが，EPMA 専用機では波長精度の高い WDS を使用することが多い．光学顕微鏡は試料表面の光学的観察の他に，WDS の焦点と分析位置を一致させるためにも不可欠である．

　試料からは X 線のみならず二次電子も放出される．これを二次電子増倍管で検出して，その強度変化をブラウン管上に二次元の映像として表示させると，試料表面の凹凸をよく反映した顕微鏡的な像を得ることができる．このような目的で使用する装置を走査電子顕微鏡(scanning electron microscope, SEM)というが，EPMA の装置自体は常にこのような機能を備えているものである．歴史的には SEM の方が EPMA より早くから手がけられており(1930 年代)，その意味では今日の EPMA 装置は SEM の装置に X 線分光機能を付加結合したものといえる．

　したがって，EPMA 分析ではまず二次電子を検出して試料表面の模様や形状を観察し，分析場所を選んだのちに微小領域から発生する特性 X 線を検出して元素分析を行う．

7.1.2 定量分析

　EPMA による定量分析は，分析試料の X 線信号強度と，濃度が既知の標準試料のそれとを比較することで行われる．標準試料としては試料になるべく近い組成を持つものを利用することが望ましい．しかし，分析試料と標準試料では X 線が発生してから表面に達するまでに受ける効果が異なるために X 線強度の濃度依存性が両者で異なってくる．このため，補正計算が必要になり，様々な方法が提案されている．中でも代表的なものが ZAF(ザフ)補正と呼ばれるもので，これはマトリックスを構成する元素の原子番号(Z)，吸収(A)，

蛍光(F)に関する補正である．すなわち目的元素の近くに存在する他の元素の種類や濃度に依存して，発生したX線が試料表面から出てくる途中で吸収されて弱まったり，あるいは他元素の蛍光X線で再励起されて強まったりすることに対する補正である．

求める濃度をCとすると，補正は次の式に従って行われる．

$$C = C_{\mathrm{std}} \cdot \frac{I}{I_{\mathrm{std}}} \cdot G_{\mathrm{Z}} \cdot G_{\mathrm{A}} \cdot G_{\mathrm{F}} \qquad (7.1)$$

ここで，Iは求める元素についてのX線強度(カウント数)，C_{std}とI_{std}は標準試料中の目的元素の濃度およびX線強度(カウント数)，そしてG_{Z}，G_{A}，G_{F}はそれぞれ原子番号補正係数，吸収補正係数，蛍光補正係数である．実際の分析に当たっては，これらのために複雑な補正式が提案されているので，コンピュータプログラムによって補正計算が行われる．分析可能な元素は通常は$_{11}$Naから$_{92}$Uまでであるが，$_{5}$Bから分析可能な装置も出てきている．分析精度は，湿式分析に比べて約1桁程度落ちるが，固体中の微小領域に対して全分析が可能という点は大きな長所であり，今日では材料評価の上でEPMA利用は不可欠といえるようになってきている．

実際の応用分析に際しては，以下のような点分析，線分析，面分析などが行われる．

(1) 点分析

励起用の電子線を，分析試料上の一点に固定して行う分析法である．試料から発生したX線を分光器により分光して，対象とする微小部にどのような元素が含まれているか調べる(図7.3)．また，目的元素の固有X線の波長に合わせて分光結晶を選び，その波長のX線強度を計数装置により読み取ることにより，

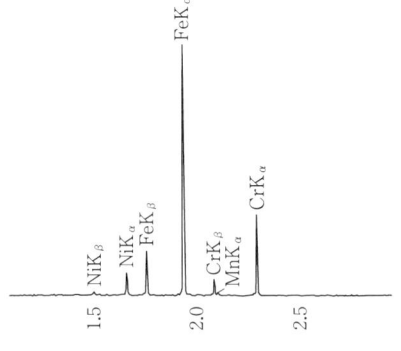

図7.3 点分析(島津製作所カタログ アプリニュース No.61 から改変)

(a) (b) (c)

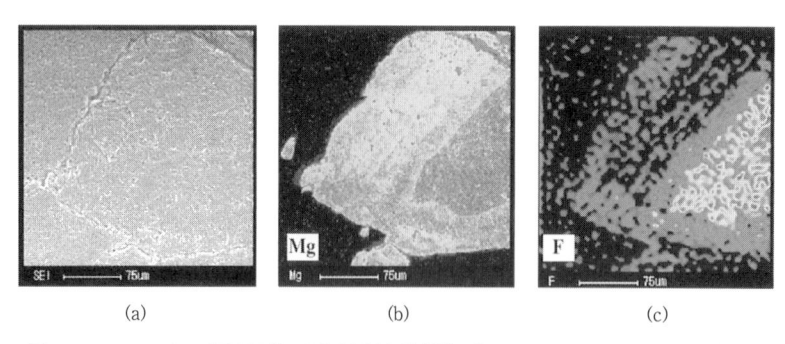

図 7.4 トルマリン(電気石)の面分析(島津製作所 EPMA Series のカタログを基に作成)
(a) SEM による像　(b) Mg のマッピング．濃度の大きい部分(右部の黒味がかった所)と小さい部分(左部から下部にかけて)がある．　(c) F のマッピング．右部にのみ偏在している．

定量分析が行われる．

(2) 線分析

電子ビームを試料上のある直線に沿って連続的に移動しながら固有 X 線の強度変化を調べる．実際には電子ビームを移動する代わりに試料の方を微動送りする．

(3) 面分析

前記の線分析を少しずつ位置をずらしながら繰り返すことにより，二次元的領域をカバーするように分析するものである．このような測定法をマッピング(mapping)という．検出器の検出波長を特定元素の固有 X 線に合わせておけば，その元素の二次元的分布を知ることができる．別の元素の固有 X 線波長に合わせて同一領域を測定すれば，そこでの別の元素の分布を調べることが可能となる(図 7.4)．

7.2　X 線光電子分光法(XPS)

試料に X 線を照射すると，原子の内殻電子が励起され，束縛を破って試料外に飛び出してくる．これを光電子(photoelectron)という．光電子は様々な運動エネルギーを持っている．これは，物質内部において電子が存在する環境

7.2 X線光電子分光法

の違いによって束縛されている力が異なるため，それを断ち切って出てくる電子の運動エネルギーに違いが生じるためである．したがって，この光電子の運動エネルギーを測定することにより，固体表面近くの構成元素の種類や，その化学結合状態を知ることができる．この手法は，1967年スウェーデンのSiegbahnにより開発され，長らくESCA(electron spectroscopy for chemical analysis)と呼ばれていた．この名前は現在でも使われることがあるが，正式にはX線光電子分光法(X-ray photoelectron spectroscopy, XPS)と呼ばれる．一方，励起源としてX線の代わりに紫外線を用いる方法もある．前者では内殻電子を励起させるのに対し，これは外殻電子を励起させるものであり，紫外線光電子分光法(ultraviolet photoelectron spectroscopy, UPS)と呼ばれる．XPSとUPSを特に区別しないで呼ぶときにESCAということが多い．

図7.5はXPSにおける光電子の発生機構を示したものである．励起に用いるX線のエネルギーを$h\nu$，電子の結合エネルギー(binding energy)をE_b，観測される電子の運動エネルギーをE_kとすると，図より明らかなようにこれらの間には，

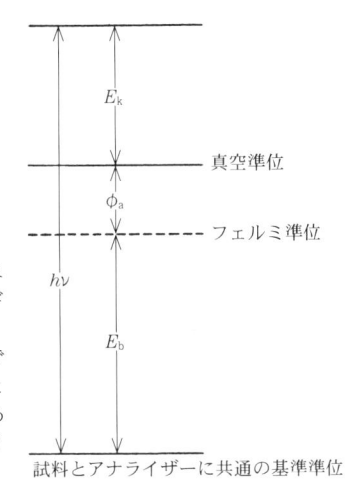

$$h\nu = E_b + \phi_a + E_k \tag{7.2}$$

図7.5 電子の結合エネルギー，運動エネルギーおよびX線エネルギーの関係
試料とアナライザーはアースで結ばれているので，基準準位とフェルミ準位は両者に共通であるが，真空準位のみはアナライザーに固有の準位である．

の関係がある．ただし，結合エネルギー E_b は，電子をそれが存在する準位からフェルミ準位(固体内で電子エネルギーの最も高い準位)まで引き上げるために必要なエネルギーである．ϕ_a は，装置の仕事関数(work function)と呼ばれるもので，これは電子をフェルミ準位からさらに真空準位(装置の真空内で電子が運動エネルギー 0 で静止している状態)まで持ってくるために必要なエネルギーであり，個々の装置ごとに固有の大きさを持つものである．したがって，同一の装置を使って実験している限り ϕ_a は一定の定数として考えてよいので，これを E_k の中に繰り入れて考えると，式(7.2)はより簡単に，

$$E_b = h\nu - E_k \tag{7.3}$$

と表すことができる．すなわち，光電子の運動エネルギー E_k を測定することにより，電子の結合エネルギー E_b が求められる．原子の内殻電子の結合エネルギーは元素ごとに固有の値を持つので，E_b の測定により定性分析が行える．一方，同一の元素でも，単体，酸化物，硫化物などの違いにより存在する結合状態にわずかながら差異がみられ，これが E_b に反映される．これを化学シフト(chemical shift)という．とくにイオンの価数が異なっている場合には，顕著な E_b の差となって観測されるので，化学シフトから価数の判定が行える．

　光電子分光法において，試料外に飛び出せる光電子は，表面近傍の 10 nm 程度以内の深さからのみであり，これより深い部位から発生した光電子は，表面から脱することなく内部で吸収されてしまう．本分光法が開発された当初は，試料の表面付近の情報しか得られないとして欠点視されることもあったが，逆に今日では，表面分析法の主要な 1 つとして重要視されるようになってきている．

7.2.1　装置

　図 7.6 に光電子分光装置の概念図を示す．励起源として，X 線では通常，Mg K$_\alpha$ 線(1253.6 eV)または，Al K$_\alpha$ 線(1486.6 eV)が用いられ，これにより内殻電子が励起される．紫外線では，He(I)共鳴線(21.2 eV)や He(II)共鳴線(40.8 eV)が用いられ，これにより原子の価電子帯付近の電子が励起される．電子エネルギーの分光には，主として高分解能の半球面型アナライザーが

7.2 X線光電子分光法

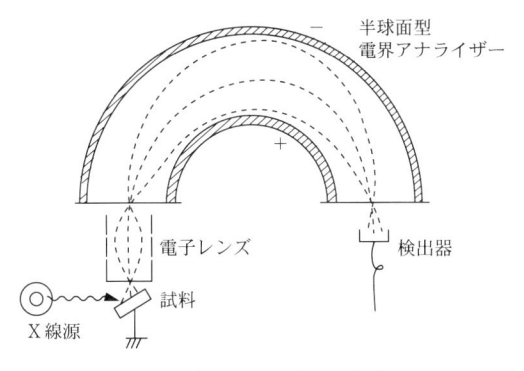

図 7.6 光電子分光装置の概念図

使用される．両球面間の電圧をスイープすることにより，電子は運動エネルギーごとに選別されて，検出器に到達する．ここで電気的にパルス信号に変換され，このパルスをパルスカウント法により強度を測定する．アナライザーや検出器は真空チャンバー中に入っており，通常 10^{-8} Pa 程度の超高真空に保たれている．また，データ解析をする上でコンピュータシステムも装置の重要な一部である．

7.2.2 X線光電子分光法の応用

金属，有機，無機を問わず，各種物質の表面部分の分析に広く活用されている．XPS は励起源に X 線を用いているので，後述の AES 法や SIMS 法に比べ試料の帯電が起こりにくく，絶縁物の分析が可能であるという特徴がある．図 7.7 は試料の定性分析を行う目的で 0〜千数百 eV と幅広いエネルギー範囲を測定したスペクトル例である．横軸の結合エネルギー E_b は，一般に図のように右から左へ向けて大きくなるように目盛るのが普通である．C 1s と記されたピークは炭素原子の 1s 電子に由来するピークであり，他も同様である．また，O(AES) とあるのは酸素原子に由来するオージェ電子(7.3 節参照)のピークを示している．多くの元素はスペクトル中に数本のピークが観測されるので，複数のピークを確認することにより正しい定性分析が可能となる．定性分析での検出限界は，原子数で 1％ 程度である．また，縦軸の強度から，定量

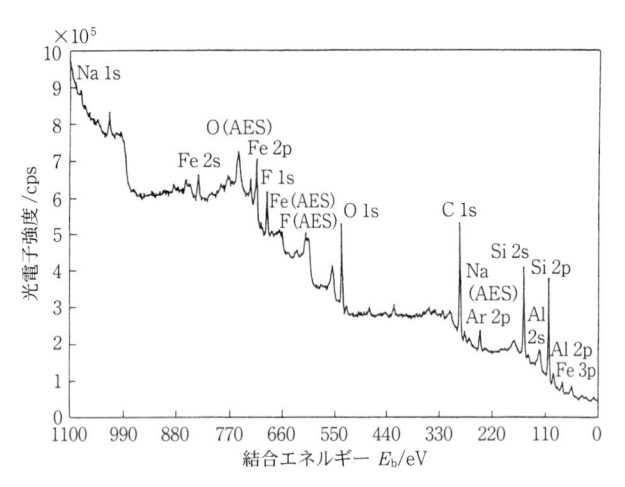

図 7.7 wide scan スペクトル

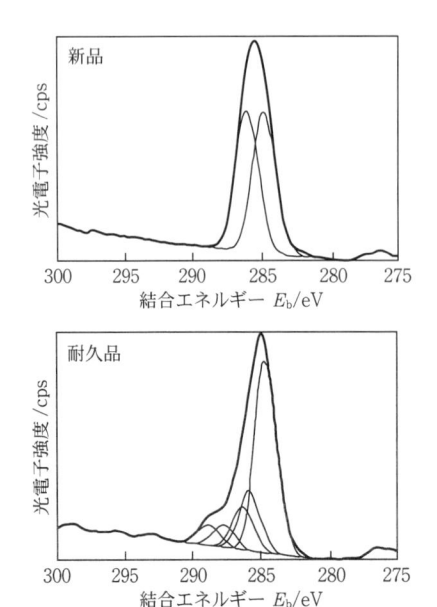

図 7.8 ポリ塩化ビニル表面劣化状況の C 1s, XPS ピーク分離結果

分析することも可能である．

図 7.8 にポリ塩化ビニルの新品（上部）と表面劣化したもの（下部）について，炭素（C 1s）の光電子スペクトルを示す．前の図 7.7 の場合と異なり，分析目的に応じて，結合エネルギーのごく狭い領域を対象に測定が行われている．太い実線が測定で得られたピークであるが，コンピュータによるピーク分離手法によりそれぞれ複数の成分ピークに分離した結果を細い実線で示してある．新品の場合には，メチレン基の炭素と，塩素が結合した炭素が存在するために，結合環境の違いを反映して

2つの(等強度の)ピークに分離されている．

一方，劣化した試料では新品に比べ，塩素と結合した炭素量が減少し，酸素と結合した官能基が生成している．すなわち，ポリ塩化ビニルの表面では，塩素が脱離する脱塩酸反応と，カルボニル基およびカルボキシ基が生成する酸化反応が同時に起こっていることが推定できる．

7.3 オージェ電子分光法（AES）

試料にX線ないし電子線を照射すると，前節で扱った光電子の他にオージェ電子(auger electron)も放出される．これを観測するのがオージェ電子分光法(auger electron spectroscopy, AES)である．オージェ電子発生の過程は，蛍光X線発生の過程と対比すると理解しやすい．その様子を図7.9に示す．すなわち，X線や電子線が試料表面に照射されると，内殻準位の電子がたたき出されて空孔が生じる．たたき出されたものは光電子である．次に，上の準位から電子が落ちて空孔を埋め，エネルギー的に安定化するのであるが，その際のエネルギーの放出過程には2通りがある．1つは図7.9のようにエネルギー差 $E_K - E_L$ に相当する振動数の特性X線を放出する場合である．他の1つは，X線を放出する代わりにそのエネルギーの一部を隣の電子に与えてしまい，エネルギーを与えられた電子が原子外に放出される過程である．前者の場合が蛍光X線(特性X線)の放出であり，後者の場合がオージェ電子の放出で

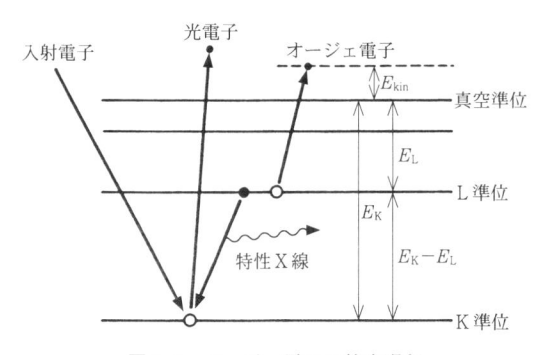

図7.9 オージェ電子の放出過程

ある．このとき，最初に電子の空孔が形成された準位が K 殻，空孔を埋めるために遷移した電子のもとの準位が L 殻，そして L 殻から電子が放出されたとき，この遷移過程を KLL 遷移と呼ぶ．同様に LMM 遷移や MNN 遷移なども起こる．放出されるオージェ電子のエネルギー E_{kin} は，図の KLL 遷移の場合について考えると，

$$E_{kin} = (E_K - E_L) - E_L = E_K - 2E_L \qquad (7.4)$$

の関係にある．E_K，E_L はそれぞれ K 準位および L 準位の真空準位(ここでの電子の運動エネルギーは 0)からの深さである．オージェ電子は $E_K - E_L$ のエネルギーを受けて L 準位から飛び出すが，試料表面(真空準位)に達するまでに E_L のエネルギーを消費するので，それを差し引いた分のエネルギー E_{kin} が真空中に飛び出したオージェ電子のエネルギーとなる．このことから分かるように，オージェ電子のエネルギーは各元素に固有の値を持ち，かつ照射に用いた電子線(ないし X 線)のエネルギーによらないという特徴を持つ．さらにオージェ電子発生のためには 1 原子あたり 3 個の束縛電子が関係しており，したがって水素とヘリウムには原理的にオージェ過程が存在せず，原子番号 3 のリチウム以上の元素において観測される．オージェ電子の放出確率は，KLL 遷移では原子番号が小さい元素ほど大きく，原子番号が大きくなるにつれて減少する．しかしながら重い元素では LMM 遷移や MNN 遷移が加わるので，感度的にはリチウムからウランまで大きな変化がないという特徴がある．このような特徴を生かして，定量分析に利用されることも多くなっている．

7.3.1 装置

オージェ電子は X 線照射によっても電子線照射によっても発生するが，一般的には励起源として電子ビームが用いられる．電子ビームは微小な大きさ(直径 10 nm 程度)に絞り込める利点があり，さらに電子ビームを走査することにより，点分析，線分析，面分析が可能となる利点がある．一般に，AES 分析では励起源として数 keV から 20 keV 程度に加速された電子ビームが用いられ，かつ電子レンズにより直径 10 nm 程度に絞られる．入射電子ビームは固体中で数 μm の深さまで進入する．しかしながら，オージェ電子が試料

表面外に飛び出せるのは，数 nm(原子層 10 層程度)であり，したがって検出深さはこの程度のものとなる．この検出深さの中に 0.1 % 程度以上の濃度で含まれる元素の定性および半定量分析が可能である．

オージェ電子の運動エネルギーは分光器によりスペクトル分解される．通常は円筒型の分光器が用いられる場合が多いが，半球型のものもときに用いられる．試料部および分光器部は 10^{-7} Pa 程度以下の高真空に保たれている必要がある．

7.3.2 オージェ電子スペクトルと分析への応用

電子ビームの照射により固体表面からは各種の電子が放出され，オージェ電子はその一つである．図 7.10(図 7.1 も参照)はそれらを示したものである．ここで E_p は入射電子のエネルギーを表す．E_p の位置に見える鋭いピークは，入射電子がエネルギーを失わず反射する弾性散乱電子によるものである．入射電子は固体中の原子核や電子と相互作用してエネルギーを失うので，E_p より低エネルギー領域に，これらの相互作用の結果による各種のピークが出現する．弾性散乱ピークの低エネルギー側に大きくすそを引いているのは，相互作

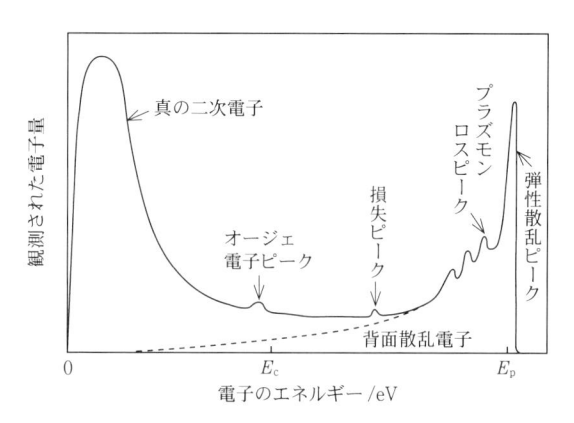

図 7.10 固体から放出される電子のエネルギー分布
E_p は入射電子のエネルギー，E_c はオージェ電子発生のためのしきい値(志水隆一・吉原一紘:『ユーザーのための実用オージェ電子分光法』(共立出版，1989)から改変)．

用によりエネルギーを失った背面散乱電子によるものである．また，低エネルギー領域には二次電子放出による大きなピークがあり，背面散乱電子のすそにつながっている．オージェ過程に由来するピークは，基本的にはこれら2つの大きなピーク(弾性散乱ピークおよび二次電子ピーク)の中間に小さなピークとして現れる．このためピーク解析を容易にするために，実際に測定される積分型(吸収型)スペクトルとは別に，ソフトウェア処理により微分型スペクトルを得ることも多く行われる．

オージェスペクトルピークのエネルギー位置から元素の定性分析が行え，ピーク強度から定量分析が行える．定量分析の場合，元素が異なると発生するオージェピークの強度が異なるので，補正が必要となる．たとえば，同じKLL遷移でも，軽いF元素は重いSi元素より約1桁強く観測される．このような場合，各元素に対する相対感度係数Sを定めておき，絶対読み取り強度Iに対してI/Sを強度として用いるなどの操作が必要となる．

7.4 二次イオン質量分析法 (SIMS)

固体表面に正または負電荷を持つイオンのビームを照射すると，表面で乱反射された一次イオンの他に，表面近傍の原子との相互作用により，電子やイオン(二次イオン)などの荷電粒子，中性の原子分子，X線その他が放出される．このような現象をスパッタリング(sputtering)という．スパッタリングにより放出された粒子の中から，二次イオンを質量分析計に導いて，試料の構成元素を定性的および定量的に分析する手法を，二次イオン質量分析法(secondary ion mass spectroscopy, SIMS)という．

一次イオンとしてCs^+，Ar^+，O_2^+，O^-などが用いられる．イオン銃からこれらのいずれかが数～20 keV 程度のエネルギーで出射されて試料表面に照射される．これによりスパッタされる粒子のほとんどは，最表面ないしその近傍の原子層から放出される原子または原子団であり，その意味でSIMSは典型的な表面分析法の一つといえる．

SIMS の特徴は，次のような点にある．

7.4 二次イオン質量分析法

(1) 水素からウランまですべての元素が測定できる．
(2) 径が μm 程度の微小部分の分析ができる．
(3) 高感度分析ができる．ppm〜ppb レベルでの分析が可能で，たとえばシリコン中に微量含まれる軽元素のホウ素の検出などに威力を発揮する．
(4) 深さ方向分析が可能である．一次イオンビームによるスパッタリングにより順次に深い層が露出するので，表面から深さ方向の元素の濃度分布の測定(depth profiling)を行うことができる．
(5) イオンビームを走査することにより，元素の内面分布を知ることができる．
(6) 極めて薄い表面層の分析ができる．スパッタリングにより，表面より飛び出せるイオンの深さは 1 nm 程度(2〜3 原子層程度)なので，この

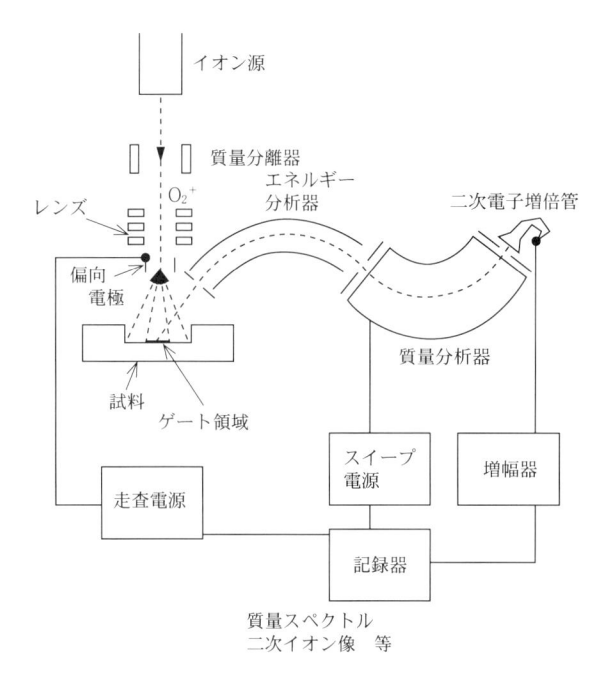

図 7.11 SIMS 装置の概略図

領域についての分析が行える．

図7.11に装置の概略を示す．イオン源からイオンビームが数〜20 keVのエネルギーで出射されて試料表面に照射される．試料表面から放出された二次イオンは，エネルギー分析器(扇形電場)で特定のエネルギーを持つイオンだけが選別され，さらに質量分析器(扇形磁場)により特定のm/e(m：イオンの質量，e：イオンの電荷)を持つイオンが選別されて，二次電子増倍管で検出される．二次イオンを電場と磁場により分光する方法は，通常の質量分析器で用いられているものであり，このタイプを二重収束型質量分析計(double focusing mass spectrometer)という．この他に，四重極型の質量分析器を用いて質量分離を行う方法もある．これは4本の平行電極による四重極場(quadrupole field)の中にイオンを導いて，特定のm/eのイオンだけ通過させるようにしたもので，二重収束型と比較すると分解能はおよばないが，小型軽量にまとめられる特徴がある．

SIMSの応用例

SIMSがよく用いられる応用例として，材料中の不純物が，表面から内部に向かってどのような濃度分布で存在しているかを調べることがある．実用的に

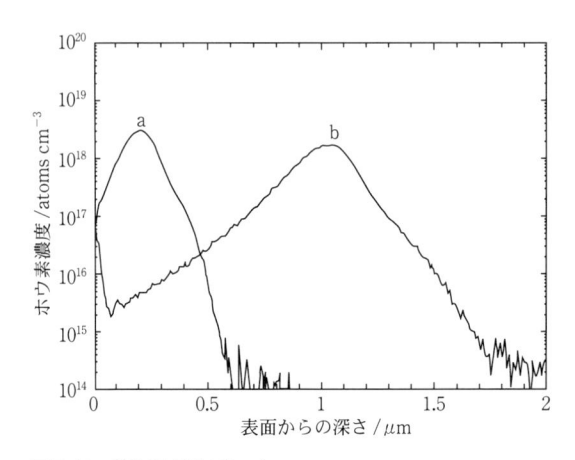

図7.12 SIMS測定データ
　　　　イオン注入エネルギー　a：60 keV，b：400 keV

も重要な例として，半導体中の不純物分析が挙げられる．図 7.12 に，Si 基板中にホウ素 B を各種のエネルギーで打ち込んだ(イオン注入法)場合の，ホウ素の深さ方向の分布を測定した例を示す．

このイオン注入法は，集積回路の製造プロセスで Si 基板に不純物のホウ素を設計どおりの場所に入れるために用いられる方法で，注入エネルギーを変えることで打ち込まれる深さを変えることができるものである．図によれば，ホウ素を 60 keV で打ち込んだ場合(a)はホウ素原子は表面近くに濃度が集中し，400 keV で打ち込んだ場合(b)は，それよりも深い領域に濃度が分布していることがわかる．

7.5 走査トンネル顕微鏡(STM)

2つの導電体を非常に近く(ナノメートル程度)の距離にまで接近させると，両者の原子の電子雲(波動関数)が一部重なるようになる．このとき両者の間に電圧をかけると，非接触の状態で電流が流れる．これをトンネル電流と呼ぶ．一般に，一方の導電体から電子が電流として飛び出して他方へ移動するためには，仕事関数に相当するエネルギー障壁を飛び越えなければならないのであるが，電子雲が重なる程に接近している場合には，その障壁をすり抜けるように電流が流れるもので，トンネル効果と呼ばれる量子力学的な現象に由来するものである．このような効果を利用して，固体表面の観察を行う装置が走査トンネル顕微鏡(scanning tunneling microscope, STM)である．IBM チューリヒ研究所の Binnig と Rohrer によって開発された．STM を用いると比較的簡単に固体表面の構造を高い分解能(水平方向：100 pm，垂直方向：数十 pm 程度)で測定可能である．原子を"見る"ことを可能にしたといっても過言でない．

図 7.13 に STM の基本的構成を示す．鋭くとがらせた金属探針を X, Y, Z の 3 軸方向に移動可能な圧電素子に取り付け，試料表面に充分近付ける．探針と試料との間にバイアス電圧をかけるとトンネル電流が流れる．ここで探針を X 軸および Y 軸方向に走査すると，試料の凹凸に応じて探針—試料間の距離

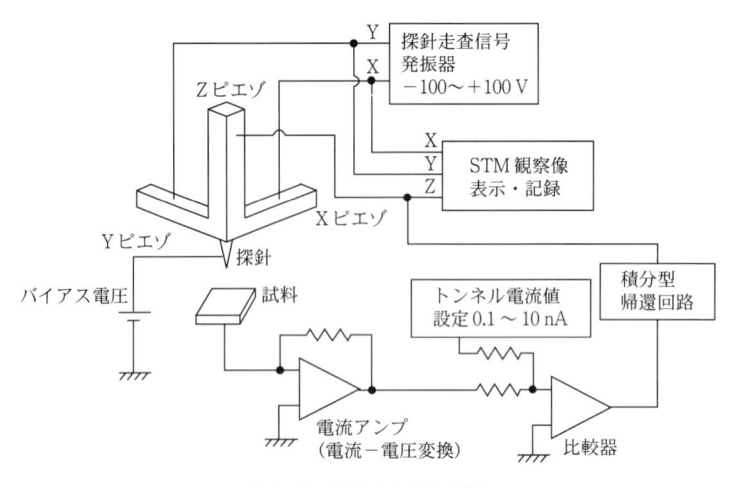

図7.13 STMの基本構造

が変化し，それに伴ってトンネル電流も変化する．このトンネル電流を位置の関数として測定し，コンピュータ処理により復元すると試料の凹凸像が得られる．これは定高度測定法と呼ばれる．この方法では，凹凸が大きい試料では探針が試料に接触したり，あるいは電流変化が大きくなりすぎて測定が困難となる．そのため，STMでは一般的に次の定電流測定が行われる（図7.14）．

この方式では，フィードバック回路により，トンネル電流の大きさが常に一定になるように探針のZ軸方向の位置を電圧によりコントロールする．この電圧変化を水平方向の位置の関数として記録して凹凸像を得る．

図7.15にグラファイト板のSTM像を示す．ハチの巣のようにみえる六角

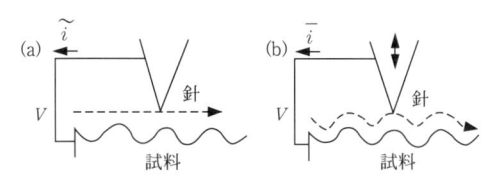

図7.14 STM測定モード
(a)定高度測定（電流が変化する）
(b)定電流測定（針の高低が変化する）

7.5 走査トンネル顕微鏡

形の1つ1つは，6個のC原子によるリングに対応している．STMは，真空中での測定はもちろん，大気中あるいは溶液中でも測定できるという大きな特徴を持っている．表面に吸着した分子の構造を決定したり，化学反応により分子がいかに変化するかを観察するのに有力である．

一方，STMの欠点は，絶縁体の試料では測定ができないことである．この問題を克服する一つの方法として原子間力顕微鏡(atomic force microscope, AFM)が開発されている．この方式では，探針と試料の表面原子との間に働く原子間力(10^{-18} N 程度)を利用する．探針を板ばね(カンチレバー)の端に固定し，この探針の先端を試料表面に近付けると，両者の間に引力(充分に近付けた場合は斥力)が働いてカンチレバーは試料方向にたわむ．このたわみを，レーザー干渉計を用い光学的に検知する(図7.16)．カンチレバーの弾性定数は既知なので，この微小なたわみ(変位)を測定することによって探針と表面の間に働く局所的な力を知ることができる．この力(板のたわみ)が一定になるよう

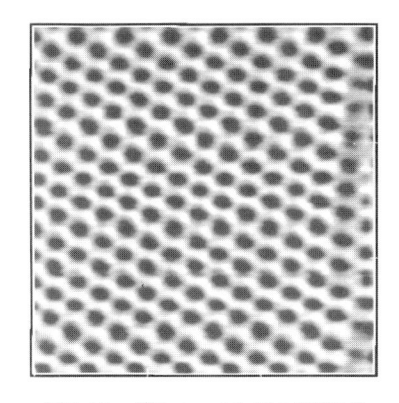

図7.15 グラファイト板のSTM像

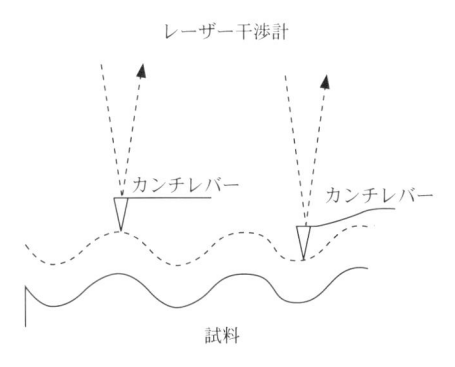

図7.16 AFM測定の原理

に針の高さを制御しながら試料表面を機械的に二次元走査することにより，表面の凹凸像，すなわち三次元的な微細形状像を得ることができる．

　AFM は高分子や生体物質のような半絶縁性物質，あるいはマイカをはじめとする多くの絶縁物にも適用できる特徴がある．

第8章　機器分析法の過去と未来

　本章で，機器分析におけるこれまでと今後を展望してみることにしよう．これまでの章で，機器分析法の各種を記述してきた．基礎的・原理的内容を中心に記述したので，内容の大綱が急に大きく変化することはないと思われる．しかしながら，機器分析法の変化・発展は著しいものがあり，一部についてはあまり利用されなくなったり，あるいは他のより優れた手法で置き換えられることもあり得よう．

　一般に，機器分析法の改良・発展のための努力は，次のような観点で行われてきたといえる．それは，

（1）　高感度化

（2）　高分解能化

（3）　微量化

（4）　測定条件の広域化(低温，高温，高圧下など)

（5）　操作の簡易化

（6）　装置の小型化

（7）　装置価格の低減

などである．これは今後も同様であろう．一方，同じ情報を従来法とは全く異なった原理・手法によって求める，ということもサイエンスの立場から重要なことであり，これが次なる発展の原動力となることもあり得る．

　また，一つの機器分析法が次々と新しい技術を取り込みつつ変貌と発展を繰り返した例もある．核磁気共鳴吸収(NMR)はその代表の1つといえる．NMRは，第二次世界大戦直後(1946年)に物理学者による核磁気モーメント測定の努力から生まれた．次第に感度も分解能も向上し，プロトン核については高分解能NMRとして成長した．他のいろいろな核種についてもNMR測

定が行われ，物質解明の新しい手法として急速にその応用が拡がった．特に化学者にとっては，プロトン核の測定が容易に行えるということから有機化合物の研究になくてはならない道具となった．このような初期の段階においてすでにNMRの威力は充分に認識され有用視されていたが，その後の発展もなお留まることを知らず，次々と新しい手法が加えられた．主なものだけでも，二重共鳴法，パルスNMR，フーリエ変換NMR，二次元NMR，NMRイメージング等々と続いて今日までおよんでいる．NMRイメージングは，医療の分野ではMRI(magnetic resonance imaging)と呼ばれ，人体や脳の内部まで非破壊で観測できる手法にまでなっている．

さて，少し別の観点から機器分析法の発展を見てみよう．その準備としてまず，次の事柄を述べる必要がある．それはすべての機器分析法は，大胆なとらえ方をすれば，次のようなブロック図の構成にまとめられるということである．

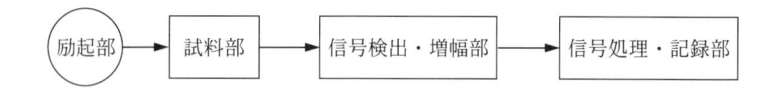

励起部 → 試料部 → 信号検出・増幅部 → 信号処理・記録部

励起部から発した電磁波ないし粒子線は，試料に照射され，これに応じて試料は何らかの反応を示す．すなわち電磁波の一部を吸収して残りを透過させたり，あるいは別の波長の電磁波や電子などを放出するのである．試料をいかなる方法により励起させ，いかなる方法により検出するかによって，いろいろな分析法が生まれることになる．その様子を表8.1に示す．検出された信号は増幅され，適宜に処理され，その結果がレコーダーに記録される(読者は何か一つ適当な機器分析法を思い浮かべ，それの各部がここのブロック図のどれに対応するか考えるのもよい勉強になるであろう)．これらをふまえ，ブロック図の各部に沿いながら，機器分析法のこれまでと今後を概観してみよう．

(1) 励起部

機器分析法における発展の中で，この励起部における変化が，重要かつ大きな部分を占めているといってよい．水素放電管，X線管球といった古典的な

表8.1 励起法と検出法の違いによる機器分析法の分類

励起＼検出	発熱	電磁波 (光, X線)	粒子 (電子, イオン)
加熱法		フレーム分析 誘導結合プラズマ発光分光 原子吸光	質量分析
電磁波 (光, X線)	光音響分光	可視・紫外分光 赤外・ラマン分光 磁気共鳴分光 蛍光X線分光 メスバウアー分光	光電子分光
粒子 (電子, イオン)		電子プローブマイクロアナリシス	オージェ電子分光 二次イオン質量分析

光源に対して，各種のレーザー光源が登場した（各種のレーザー光源に関しては2.9節参照）。これによって検出感度や分解能の向上はもちろん，分光法そのものにも大きな進歩がもたらされた。ラマン分光法の例をみても，分解能の大きな向上，より多くの試料への適用など，その発展は明らかである。同様にシンクロトロン放射光の登場も，X線領域における各種分析法において，新しい発展をみせた(2.9節参照)。ここでは，装置を大型化してより強力なX線を発生させる努力と並行して，小型化して通常の実験室あるいは机上でも使用できるようにする開発努力も行われている。

(2) 試料部

測定に必要な試料量をできる限り少なくする努力は常に行われており，今後も発展が見られるであろう。たとえば，赤外分光法における顕微分光法の登場によって従来よりも極少の試料で測定が可能となった例があるが，こうした方向への改良は赤外法に限らずあらゆる分析法において求められている事柄である。これに関連して，最近の新しい動きとしては，「分析システムのミクロ集積化」が挙げられる。これは化学プロセスの要素である物質輸送，反応，分離，検出といった様々なプロセスを手のひらサイズのガラスやプラスチック基

板上に集積化・チップ化しようとするものである．正式な名称は未だ確定されていないが，μ-TAS(マイクロタス，micro total analysis system)，あるいは Lab-on-a-Chip などと呼ばれている．このような化学システムの微小化により，超高感度分析，超微量分析，多種目同時合成・分析などを実現しようとするものであり，今後の発展が期待される．

また，標準試料の問題も機器分析の精度向上の観点から重要視され，発展が期待されるものである．機器分析において直接測定される物理量は，電圧値や電流値であり，これが試料量に換算されて初めて目的の分析値が求まることになる．この換算の過程では，既知量の目的成分を含む標準試料の存在が必須であり，これに対する測定値との比較から正しい分析値が求められる．このような過程は，たとえば可視紫外分光法などでは検量線作成の過程で既知濃度の標準溶液を調製する例にみることができる．しかるに，蛍光X線分析や，二次イオン質量分析法など固体試料を扱うような例では，そのような標準試料を入手することが困難な場合が多い．たとえ目的成分について含有量が既知の試料が存在しても，マトリックス効果も考慮すると，必ずしも充分な標準試料となり得ない場合が多い．こうした標準試料調達の問題は常に存在し続けるものであり，これについての努力は今後も続けられるであろう．

（3）検出・増幅部

この部分は，もっぱらエレクトロニクス技術の進歩発展に負うところが大きい．第一には，検出器そのものの感度や分解能の向上を目指して努力される．第二には，検出のマルチチャンネル化が行われるようになるであろう．可視紫外分光法の例でみるならば，波長ごとに吸収強度を読み取るのではなく，各波長に応じた多数の検出器を配置して，一度に信号を読み取るのである．ICP-発光分析においては，すでに一般に採用されているものであるが，他のいろいろな分析装置にも取り入れられるようになるであろう．光学領域におけるCCD(charge coupled device)検出器や，X線検出素子のゾーン・プレート(zone plate)もこれに類するものである．

(4) 信号処理・記録部

　前記の検出部に関して，マルチチャンネル化を述べたが，これは信号処理の過程でも実現することが可能で一般に多重処理と呼ばれているものである．赤外分光法におけるマイケルソン干渉計を用いた多重検出や，磁気共鳴におけるパルス法などがこれに当たる．いずれも，高速フーリエ変換(fast fourier transform, FFT)を利用するもので，プログラムの開発とコンピュータの性能向上によるところが大きい．また，多数の物質のスペクトルデータなどを，データベースとしてコンピュータに記憶させておき，実際の測定データをこれと比較して瞬時に物質の判定をするという作業も，コンピュータやプログラムの進歩により容易に行えるようになりつつある．

　以上見てきたように，機器分析法における発展は今後もたゆみなく続けられるであろう．従来法によく慣れ親しむのと併行して，常に新しさも取り入れていく努力が必要である．

さらに勉強したい人たちのために

　本書の入門書としての性格上，執筆に当たっては機器分析法の原理，用途の平易な解説に配慮した．特定の分析法についての詳細な情報を必要とされる読者には，下記の参考書の利用をおすすめする．

第2章
[1]　田中誠之・飯田芳男：機器分析(三訂版)，裳華房(1996)．
[2]　庄野利之・脇田久伸 編：入門機器分析化学，三共出版(1988)．
[3]　北森武彦・宮村一夫：分析化学II－分光分析－，丸善(2002)．
[4]　日本分析化学会 編：機器分析ガイドブック，丸善(1996)．
[5]　G. シュベット・F. M. シュネペル・一瀬典夫：蛍光分析化学 －蛍光HPLCの生物化学・医化学への応用－，培風館(1987)．
[6]　西川泰治・平木敬三：蛍光・りん光分析法，共立出版(1984)．
[7]　桑 克彦：吸光光度法(自動分析編)，共立出版(1985)．
[8]　大倉洋甫 他：吸光光度法(有機編)，共立出版(1984)．
[9]　大西 寛・束原 巌：吸光光度法(無機編)，共立出版(1983)．
[10]　島津備愛 編：分光化学分析のためのレーザー，学会出版センター(1986)．
[11]　原口紘炁 他：ICP発光分析法，共立出版(1988)．
[12]　鈴木正巳：原子吸光分析法，共立出版(1984)．
[13]　保田和雄：原子スペクトル分析の実際 －失敗しないICP発光/高温炉原子吸光分析－，講談社(1993)．
[14]　高橋 務・大道寺英弘 編：ファーネス原子吸光分析 －極微量を測る－，学会出版センター(1984)．

[15]　大道寺英弘・中原武利 編：原子スペクトル ―測定とその応用―，学会出版センター(1989)．
[16]　平野 功：原子スペクトル入門，技報堂出版(2000)．
[17]　原口紘炁：ICP発光分析の基礎と応用，講談社(1986)．
[18]　富永 健・佐野博敏：放射化学概論(第2版)，東京大学出版会(1999)．
[19]　古川路明：放射化学，朝倉書店(1994)．

第3章

[1]　大堺利行・加納健司・桑畑 進：ベーシック電気化学，化学同人(2000)．
[2]　藤嶋 昭・相澤益男・井上 徹：電気化学測定法(上，下)，技報堂出版(1984)．

第4章

[1]　神戸博太郎・小沢丈夫 編：新版 熱分析，講談社(1992)．
[2]　T. Hatakeyama and F. X. Quinn : Thermal Analysis, Fundamentals and Applications to Polymer Science, Wiley (1994)．
[3]　G. Höhne, W. Hemminger and H.-J. Flammersheim : Differential Scanning Calorimetry, An Introduction for Practitioners, Springer (1996)．
[4]　藤枝修子：ぶんせき，808，日本分析化学会(1988)．
[5]　藤枝修子：ぶんせき，238，日本分析化学会(1993)．

第5章

[1]　日本質量分析学会出版委員会 編：マススペクトロメトリーってなあに，国際文献印刷社(2003)．
[2]　日本質量分析学会用語委員会 編：マススペクトロメトリー関係用語集(第2版)，国際文献印刷社(2001)．
[3]　田島 進・飛田成史：物質の質量から何がわかるか，裳華房(1991)．
[4]　日本表面科学会 編：二次イオン質量分析法，丸善(1999)．

［5］　清水　章：ノーベル賞の質量分析法で病気を診る，岩波書店(2003)．
［6］　河口広司・中原武利 編：プラズマイオン源質量分析，学会出版センター(1994)．
［7］　Alison E. Ashcroft(土屋正彦・横山幸男 共訳)：有機質量分析イオン化法，丸善(1999)．
［8］　丹羽利充 編著：最新のマススペクトロメトリー ―生化学・医学への応用―，化学同人(1995)．
［9］　志田保夫・笠間健嗣・星野 定・高山光男・高橋利枝：これならわかるマススペクトロメトリー，化学同人(2001)．

第6章

［1］　日本化学会 編：季刊化学総説 No.9 クロマトグラフィーの新展開，学会出版センター(1990)．
［2］　中村 洋 編著：機器分析の基礎，朝倉書店(1996)．
［3］　F. W. Fifield, D. Kealey(古谷圭一 監訳)：実用に役立つテキスト 分析化学Ⅰ，丸善(1998)．
［4］　日本分析化学会 編：分離分析化学事典，朝倉書店(2001)．
［5］　保母敏行・小熊幸一 編著：理工系機器分析の基礎，朝倉書店(2001)．
［6］　日本化学会 編：第5版 実験化学講座1 基礎編Ⅰ 実験・情報の基礎，丸善(2003)．

第7章

［1］　染野 檀・安盛岩雄 編：表面分析 ―IMA，オージェ電子・光電子分光の応用―，講談社(1976)．
［2］　日本分析化学会 編：機器分析ガイドブック，丸善(1996)．

索　　引

ア

R_f　121
ICP(誘導結合プラズマ)　30
——原子発光分析　30
——質量分析　31
アノード　82
アルゴンレーザー　75
α 崩壊　71
安定同位体　71

イ

EI 法　111, 115
ESR　42
EPMA　156
——の定量分析　158
イオンクロマトグラフィー　141
イオン交換　122, 123
——クロマトグラフィー　141
一次 X 線　57
一酸化二窒素／アセチレン　29
移動相　118
移動度 μ　149
イルコビッチの式　95
印加電圧　60
インターフェログラム　38
陰電子崩壊　71

エ

HPLC(高速液体クロマトグラフィー)　125, 134
ATR 法　39
ASTM カード　64
エキシマーレーザー　76
液体固定相　132
液膜法(赤外吸収スペクトルの測定)　39
SRM　4
ESCA　161
STM　171
XMA　156
X 線回折図　63
X 線回折分析　57
X 線回折法　101
X 線管球　176
X 線強度　159
X 線検出素子のゾーン・プレート　178
X 線光電子分光法　161
X 線分析　57
X 線粉末回折法　61
NMR　42
NMR イメージング　176
エネルギー分散型(EDS)　66, 158
FID 信号　46
FPD　30
エレクトロフェログラム　149

オ

オージェ電子　165
——分光法　57, 165
オンカラム注入法　130
温度プログラム　131

カ

開始温度　103
回折 X 線　57
回折格子　11
壊変定数　72
解離定数　88
化学結合型固定相　123
化学シフト　47, 162
化学修飾シリカ　123
化学発光　23
拡散係数　96
拡散電流　95
核磁気共鳴　42
核磁気共鳴吸収　175
核スピン　43
核反応断面積　72
ガスクロマトグラフィー(GC)　125, 129
カソード　82
カソード電流　91
過電圧　91
カラムクロマトグラフィー　120
カラム効率　124
干渉波形　38
ガンダイオード　55
感度　2

官能基分析 40
γ線スペクトル 74

キ

気-液クロマトグラフィー 129
機器中性子放射化分析 74
気-固クロマトグラフィー 129
基準振動 35, 42
キセノンランプ 21
Giddingsの式 127
機能性物質 156
「逆相」分離 137
逆対称伸縮振動 35
キャピラリーエレクトロフェログラム 152
キャピラリーカラム 132
キャピラリーゾーン電気泳動法 154
キャリヤーガス 130
吸光係数 8, 18
吸光光度計 12
吸光光度法 9
吸収効果 67
吸収スペクトル 18
吸収補正係数 159
吸熱転移 106
キュリー温度 104
強磁性体 104
共鳴周波数 54
共鳴線 25
共鳴遷移 44
局所磁場効果 51
キラル固定相 137

ク

空間格子 68
空気／アセチレン 27, 29
空気／水素 27, 29
空洞共振器 55
クーロメトリー 81, 88
屈折率検出器 139
クライストロン 54
グラファイト板のSTM 173
クリプトンレーザー 75
クロマトグラフィー 118
　——による定性分析 128
クロマトグラム 120

ケ

系間交差 22
蛍光X線 57, 65, 165
蛍光X線分析 57, 65, 178
蛍光検出器 139
蛍光スペクトル 21
蛍光分析 19
蛍光補正係数 159
KLL遷移 166
K-吸収帯 16
KBr錠剤法 39
結合相充填剤 137
結晶格子 67
結晶場相互作用 56
ゲル浸透クロマトグラフィー 143
ゲルろ過クロマトグラフィー 143

限界電流 95
原子化 26
原子間力顕微鏡 173
原子吸光分析 24
原子質量 116
原子蒸気 24, 26
原子スペクトル分析 23
原子番号補正係数 159
原子分布 24
検出限界 32
原子炉 73
元素普存則 1

コ

高圧水銀灯 21
高エネルギー加速器研究機構 78
高感度発色試薬 14
交差分極 51
光子計数法 42
格子欠陥 55
高周波電場 34
高周波無電極放電管 26
高性能TLC 147
高速液体クロマトグラフィー(HPLC) 125, 134
高速キャピラリー電気泳動法 149, 151
高速フーリエ変換 179
光電子 160
光電子スペクトル 164
光電子増倍管 12, 42
光電子分光法 57, 162
勾配溶離 131
勾配溶離法 135, 138
高分解能固体NMR 49
交流ポーラログラフィー

索　引

96
黒鉛炉　26
黒鉛炉原子吸光法　34
国際熱分析連合　100
誤差関数　9
固体担体　132
固定相　118
古典的分析法　1
ゴニオメーター　63
コヒーレント光　75
固有X線　58
固有振動　35

サ

サイクリックボルタンメトリー　94, 96
歳差運動　45
最小理論段高さ　128
サイズ排除　122, 123
　　──クロマトグラフィー　143
最大カラム効率　128
ZAF補正　158
サプレッサー　141
作用電極　92
参照電極　81, 82

シ

CCD検出器　178
CW法　45
CP-MAS法　52
JCPDSカード　64
紫外可視吸収分析　6
紫外／可視光度計　138
紫外線光電子分光法　161
時間分解蛍光　21
磁気回転比　43

磁気共鳴吸収　42
磁気転移　104
磁気モーメント　43
磁気量子数　44
仕事関数　162
示差走査熱量測定法（DSC）　100, 105
示差熱分析（DTA）　100, 105
死時間　121
支持体　150
指示電極　92
磁束密度　112
死体積　144
湿式分析法　1
質量分析法　101
質量分離　112
磁場型質量分析計　110
SIMS　168
修飾剤　145
重水素ランプ　26
収着機構　122
充填カラム　130
自由誘導減衰　46
自由溶液キャピラリー電気泳動法　154
準液体固定相　131
「順相」分離　137
昇温速度　104
消光　22
昇降温速度　108
常磁性（金属）イオン　22, 55
常磁性体　104
常磁性分子　55
状態分析　2
消滅ピーク　74
助色基　16

助燃気体　26
真空準位　162
シンクロトロン放射光（SOR）　77, 78, 177
伸縮振動　35
深色効果　16
シンチレーション計数管　60
振動・回転準位　6
振動磁場　45
振動スペクトル　34

ス

水素過電圧　94
水素放電管　176
ストークス線　40
ストリッピング　96
スパッタリング　26
スピン-軌道相互作用　56
スピン-スピンカップリング（NMR）　48
スピン-スピン相互作用（ESR）　56
スプリング・エイト（SPring-8）　78
スペシエーション　2

セ

正確さ　3
生成核種　73
精度　3
ゼーマン準位　44
ゼーマン相互作用　56
赤外活性　36
赤外吸収スペクトル（赤外吸収分析）　34, 35
赤外不活性　36

絶対測定法　4
絶対定量　74
Sephadex　144
浅色効果　16
選択性　3
全反射吸収法（ATR法）　39
線分析　160

ソ

双極子相互作用による線幅の広がり　50
双極子モーメント　36, 42
走査電子顕微鏡　158
走査トンネル顕微鏡　171
相対測定法　4
SOR（シンクロトロン放射光）　77
ゾーン電気泳動法　149
速度論的解析　109

タ

対イオン　123
ダイオードアレイ検出器　138
対称伸縮振動　35
ダイノード　113
多孔性シリカ　123
多孔層オープンチューブカラム　132
脱塩　145
ダブルビーム式分散型赤外分光装置　37
多流路　127
単収束型　115
——質量分析計　113,

117
淡色効果　16
担体　74

チ

遅延係数　121
地質調査所　5
窒素レーザー　76
チャンネル型二次電子増倍管，チャンネルトロン　34, 114
中空陰極ランプ　25, 26
中性子源　73
中性子放射化分析　3, 72
超微細相互作用　56
超臨界流体，超臨界流体クロマトグラフィー　145
直流ポーラログラフィー　94

テ

DSC曲線　108
TG曲線　103
DTA曲線　106
d-d遷移　13
定高度測定法　172
ディスパーザー　26
定組成溶離法　135
定電位クーロメトリー　90
定電流クーロメトリー　92
テーリング　124
滴下水銀電極　94
電位勾配　149
電位差滴定　86
電荷移動　97

電荷移動吸収　15
電気泳動法　149
電気化学検出器　140
電気浸透流　150, 152
電子衝撃法　111
電子スピン共鳴　42, 52
電子遷移　16
電子増倍管　113
電子捕獲検出器　133
伝導電子　55
伝導度検出器　141
天然存在比　116
点分析　159
電流検出器　141
電流－電位曲線　98
電量滴定　93

ト

同位元素（体）　70
同位体希釈分析　71
透過率　9
特性吸収帯　36
トムソン散乱　57

ナ

内壁塗布オープンチューブカラム　132

ニ

二次イオン質量分析　111, 168, 178
二次X線　57
二次電子増倍管（マルチプライヤー）　113, 158
二重収束型質量分析　34, 114, 117, 170
二次励起効果　67
入力補償DSC　107

索　引

ヌ

ヌジョール(nujol)法(赤外吸収スペクトルの測定)　39

ネ

Nd-YAG レーザー　76
熱重量曲線　102
熱重量分析　100
熱中性子　72
熱伝導度検出器　132
熱天秤　101
熱分析　100
熱レンズ効果　76
ネルンストの式　85

ノ

濃色効果　16

ハ

バイオゲル(Bio-Gel)　143
ハイパワーデカップリング　51
破壊分析　2
白色X線　65
薄層クロマトグラフィー　146
波長分散型(WDS)　66, 158
発色基　16
ハナワルトインデックス　65
パルス発振　75
パルス放射　78
パルスポーラログラフィー　96

反磁性　53
反磁性遮蔽　47
反ストークス線　40
半値幅　125
半電池　85
半導体検出器　60, 74
半導体レーザー　75
半波電位　95
反平行配向　44

ヒ

B-吸収帯　16
ピーク電流　98
ピーク分解能　108
光音響法　76, 77
飛行時間型質量分析計　115
ヒドラゾン化合物　14
比熱容量　109
非破壊分析　2
微分熱重量測定法　102
微分ポーラログラフィー　96
標準水素電極　83
標準物質　4, 74
標準偏差　125
標的核種　73
表面分析　156
比例計数管　60

フ

ファラデーの電気分解の法則　89
van Deemter　127
フィールドイオン化法　111
フーリエ変換赤外分光分析法　38, 101

フーリエ変換対　47
フーリエ変換法　45
フェルミ準位　162
フォトン・ファクトリー　78
複合熱分析　101
不対電子　53
物質移動　97, 126, 127
物質拡散　126
不溶性有機樹脂　123
フラグメントイオン　114
プラズマの表皮効果　31
ブラッグの回折条件　62
ブラッグの式, ブラッグ反射　61
ブラベー格子　68
フレームイオン化検出器　133
フレーム分析　1, 29
プロトンNMR　47
フロンティング　124
分解能　113
分割注入法　130
分光結晶　65
分光光度計　138
分散型赤外分光装置　37
分子拡散　127
分子量の推定　117
分配　122, 123
分配係数　119
粉末X線回折計　63
分離度　124

ヘ

平均線流速　127
平衡電位　98
平行配向　44

平面クロマトグラフィー 121, 146
β 崩壊 71
ペーパークロマトグラフィー 148
ヘリウムカドミウムレーザー 75
ヘリウムネオンレーザー 75
ペリキュラー型陽イオン交換樹脂 141
変位法 102
変角振動 35

ホ

放射壊変 72
放射化学的中性子放射化分析 75
放射化分析 71
放射性同位体 71
放射線効果 80
放射能 71
放射能利用分析法 70
飽和カロメル電極 83
ポーラログラフィー 94
ポーラログラム 94
保持係数 120
保持時間 120
保持体積 121, 144
保証値 4
補正保持時間 121
ポテンショスタット 92
ポテンショメトリー 81
ホトセル 12
ボルタンメトリー 81, 94

ボルツマン定数 24
ボルツマン分布比 24
ポルフィリン錯体 15

マ

μ-TAS 178
マイクロ波 54
マイケルソン干渉計 38
マジック角回転 50, 51
マトリックス効果 67
マルチチャンネル検出器 42

ミ

ミラー指数 67

ム

無放射遷移 77

メ

メスバウアー分光法 71
面分析 160

モ

モル吸光係数 8, 40

ユ

融解エンタルピー 109
遊離基 55

ヨ

溶液法(赤外吸収スペクトルの測定) 39
陽電子崩壊 71

溶離曲線 120

ラ

ラーモア歳差運動 44
ラジオイムノアッセイ 71
ラジオ波 45
Lab-on-a-Chip 178
ラマン効果 40
ラマン散乱 40, 76
ラマンシフト 41
ラマンスペクトル 34
ランベルト-ベールの法則 7, 8

リ

量子収率 20
理論段数 124
理論段高さ 125
理論分解電位 91

ル

ルビーレーザー 76
ルミノールの反応 23

レ

零位法 102
励起スペクトル 21
レイリー散乱 40
レーザー 21, 75
レーザー光源 177
レーザーラマン分析 42
連続X線 58
連続光源 24
連続発振 75

著者略歴

赤岩 英夫（あかいわ ひでお）
1933 年　北海道札幌市に生まれる
1955 年　北海道大学理学部化学科卒業
1967 年　群馬大学教授
1997 年　群馬大学長
2006 年　（社）国立大学協会専務理事，群馬大学名誉教授

小熊 幸一（おぐま こういち）
1943 年　埼玉県大宮市に生まれる
1965 年　東京教育大学理学部化学科卒業
1992 年　千葉大学教授
2008 年　千葉大学名誉教授

渋川 雅美（しぶかわ まさみ）
1953 年　岩手県盛岡市に生まれる
1976 年　東北大学理学部化学科卒業
2001 年　日本大学教授
2007 年　埼玉大学教授

杉谷 嘉則（すぎたに よしのり）
1939 年　東京都杉並区に生まれる
1963 年　東京大学工学部鉱山学科卒業
1989 年　神奈川大学教授
2010 年　神奈川大学名誉教授

藤原 祺多夫（ふじわら きたお）
1947 年　石川県鶴来町に生まれる
1970 年　東京大学理学部化学科卒業
2000 年　東京薬科大学教授
2014 年　東京薬科大学名誉教授

化学新シリーズ　**機器分析入門**

2005 年 10 月 30 日　第 1 版　発行
2008 年 3 月 20 日　第 3 版　発行
2015 年 9 月 20 日　第 3 版 4 刷発行

検印省略

定価はカバーに表示してあります．

増刷表示について
2009 年 4 月より「増刷」表示を「版」から「刷」に変更いたしました．詳しい表示基準は弊社ホームページ
http://www.shokabo.co.jp/
をご覧ください．

編　者　　赤　岩　英　夫
発行者　　吉　野　和　浩
発行所　　東京都千代田区四番町 8-1
　　　　　電　話　03-3262-9166（代）
　　　　　郵便番号　102-0081
　　　　　株式会社　裳　華　房
印刷所　　中央印刷株式会社
製本所　　株式会社　松　岳　社

社団法人
自然科学書協会会員

〈（社）出版者著作権管理機構 委託出版物〉
本書の無断複写は著作権法上での例外を除き禁じられています．複写される場合は，そのつど事前に，（社）出版者著作権管理機構（電話 03-3513-6969，FAX 03-3513-6979，e-mail: info@jcopy.or.jp）の許諾を得てください．

ISBN 978-4-7853-3216-7

© 赤岩英夫 他，2005　　Printed in Japan

化学の指針シリーズ

化学環境学	御園生　誠 著	本体 2500 円＋税
生物有機化学 ーケミカルバイオロジーへの展開ー	宍戸・大槻 共著	本体 2300 円＋税
有機反応機構	加納・西郷 共著	本体 2600 円＋税
有機工業化学	井上祥平 著	本体 2500 円＋税
分子構造解析	山口健太郎 著	本体 2200 円＋税
錯体化学	佐々木・柘植 共著	本体 2700 円＋税
量子化学 ー分子軌道法の理解のためにー	中嶋隆人 著	本体 2500 円＋税
超分子の化学	菅原・木村 共編	本体 2400 円＋税
化学プロセス工学	小野木・田川・小林・二井 共著	本体 2400 円＋税

理工系のための 化学入門	井上正之 著	本体 2300 円＋税
一般化学（三訂版）	長島・富田 共著	本体 2300 円＋税
化学の基本概念 ー理系基礎化学ー	齋藤太郎 著	本体 2200 円＋税
基礎無機化学（改訂版）	一國雅巳 著	本体 2300 円＋税
無機化学 ー基礎から学ぶ元素の世界ー	長尾・大山 共著	本体 2800 円＋税
生命系のための 有機化学Ⅰ ー基礎有機化学ー	齋藤勝裕 著	本体 2400 円＋税
結晶化学 ー基礎から最先端までー	大橋裕二 著	本体 3100 円＋税
新・元素と周期律	井口洋夫・井口 眞 共著	本体 3400 円＋税
基礎化学選書2　分析化学（改訂版）	長島・富田 共著	本体 3500 円＋税
基礎化学選書7　機器分析（三訂版）	田中・飯田 共著	本体 3300 円＋税
量子化学（上巻）	原田義也 著	本体 5000 円＋税
量子化学（下巻）	原田義也 著	本体 5200 円＋税
ステップアップ　大学の総合化学	齋藤勝裕 著	本体 2200 円＋税
ステップアップ　大学の物理化学	齋藤・林 共著	本体 2400 円＋税
ステップアップ　大学の分析化学	齋藤・藤原 共著	本体 2400 円＋税
ステップアップ　大学の無機化学	齋藤・長尾 共著	本体 2400 円＋税
ステップアップ　大学の有機化学	齋藤勝裕 著	本体 2400 円＋税

裳華房ホームページ　http://www.shokabo.co.jp/　　　2015 年 9 月現在